国家社科基金西部项目"'多规合一'机制协调与融合研究"（15XJY003）

"多规合一"机制
协调与融合研究

"DUOGUI HEYI" JIZHI XIETIAO YU RONGHE YANJIU

徐万刚　赵如　任泰山　王雪锋　著

U0353260

四川大学出版社
SICHUAN UNIVERSITY PRESS

项目策划：王 军 梁 平
责任编辑：梁 平
责任校对：傅 奕
封面设计：璞信文化
责任印制：王 炜

图书在版编目（CIP）数据

"多规合一"机制协调与融合研究 / 徐万刚等著
. 一 成都 ：四川大学出版社，2021.8（2024.6 重印）
ISBN 978-7-5690-4934-3

Ⅰ．①多… Ⅱ．①徐… Ⅲ．①城市规划－研究－中国
Ⅳ．① TU984.2

中国版本图书馆 CIP 数据核字（2021）第 172547 号

书 名	"多规合一"机制协调与融合研究
著 者	徐万刚 赵 如 任泰山 王雪锋
出 版	四川大学出版社
地 址	成都市一环路南一段 24 号（610065）
发 行	四川大学出版社
书 号	ISBN 978-7-5690-4934-3
印前制作	四川胜翔数码印务设计有限公司
印 刷	永清县晔盛亚胶印有限公司
成品尺寸	170mm×240mm
印 张	10.5
字 数	200 千字
版 次	2021 年 8 月第 1 版
印 次	2024 年 6 月第 2 次印刷
定 价	78.00 元

◆ 读者邮购本书，请与本社发行科联系。
电话：(028)85408408/(028)85401670/
(028)86408023 邮政编码：610065
◆ 本社图书如有印装质量问题，请寄回出版社调换。
◆ 网址：http://press.scu.edu.cn

四川大学出版社
微信公众号

《"多规合一"机制协调与融合研究》
课题组成员

课题主持人：

徐万刚

课题参与人：

赵　如　　任泰山　　王雪锋

袁安贵　　李代俊　　徐昊翔

内容提要

《"多规合一"机制协调与融合研究》以"多规合一"试点进程中存在的主要问题为起点，从关键环节的角度出发，提出基础整合、编制协调、实施衔接和保障融合等解决方案，以期助推我国规划体系的现代化演变进程，提升国家治理能力。本书共包括九章及一个问卷附录，每部分基本内容如下：

第一章　研究背景和意义。在新常态背景下，推进"多规合一"机制协调与融合研究，既是转变经济发展方式、转变政府职能、完善规划体系等现实需要，也是提升规划整合能力、强化空间管控能力、优化空间开发模式等客观需求。

第二章　文献综述。主要围绕"多规合一"规划理念探索、规划概念解读、多规冲突认知、地方试点总结和融合路径研究等五大领域和十个相关知识点展开文献梳理和论述，为多规协调和融合机制研究提供相关的文献支撑和研究基础。

第三章　理论基础。集中阐述"反规划理论""空间结构理论""人本规划理论""可持续发展理论""规划协作理论"等基本思想的内核要义，为城乡均衡、空间均衡和科学协调的现代规划体系寻求必需的理论储备，也为构建适合我国经济社会协调发展的规划体系奠定探索创新的理论源泉。

第四章　演变历程。立足宏观层面的政策支持和地方试点的阶段探索，系统阐释"多规合一"的发展历程。以广州、厦门、开化、上海、重庆、海南和贺州等典型模式为基础，归纳"坚持生态优先发展理念""强化一张蓝图协调对接""加快行政体制创新改革""加速规划体系重构进程"等基本共识和"数据标准难融合""文本编制难协调""落地举措难整合"等客观问题。围绕"多规合一"试点面临的困难与挑战，从体制掣肘、利益博弈、法规困境、人才困境、理念滞后等角度揭示制约规划整合的深层影响因素。同时，借鉴日本、德国、荷兰和美国等发达国家空间规划体系特征，为"多规合一"试点的统筹协调、空间规划的理念创新和体系构建提供重要的示范效应和参考价值。

第五章　"多规合一"的基础要件对接。围绕多规整合"主要思路""主体框架""基本原则"和"编制技术"等规划基础要件，加强编制理念、整合方向和合一认知的统筹协调，推进空间规划框架搭建、多规整合目标统筹和顶层设计、主体功能定位，强化底线思维、差异协调、蓝图统一、项目保障等基本原则，促进规划编制方法改进、编制数据统筹、综合预测协调和融合规程制定等在技术上的成功对接。

第六章　"多规合一"的编制协调机制。以规划组织、规划标准、规划内容和信息平台等基础要素整合为核心，推进规划编制主体融合、多向联动机构建立和强力领导机构的组建，建立统一用地分类、统一技术平台、统一坐标系统，加强总体布局科学谋划、重点任务空间对接、规划目标和期限协调，推进信息平台框架建构、信息平台数据库建设和信息平台体系搭建。

第七章　"多规合一"的实施衔接机制。围绕实施环节的管理机制、专规对接机制、空间协同管制体系、规划实施反馈机制和行政审批改革机制等，加快推进规划机构职能改革、部门规划联动协同机制构建，着力加强专规图斑重叠对接、开发边界散乱处置和专规编制同步处理，不断健全管制分区体系、落实主体责任分工体系、空间管制政策协同体系，持续完善规划评估修编机制、动态调整机制和实施反馈机制，启动规划审批权限、深化行政审批制度和中介监管审批制度改革。

第八章　"多规合一"的保障融合机制。以组织保障、考核机制、多元参与、实施监督和规划立法等为重点，大力推进空间规划大部制改革，组建强有力的实施领导机构，逐步完善综合考核指标体系和综合考核机制，构建多元主体民主参与体制机制和多元主体有效参与的协作平台，推动监管机制向事中事后、联合审查和综合执法转变，分时序谋划出台国家规划法、空间规划法，确立"多规合一"的法律地位。

第九章　研究结论与展望。通过分析指出"多规合一"是时代的产物，是规划协调与融合的阶段性需求，理性得出自然资源部门的成立是规划体制改革初步成果的基本判断。同时，也强调"多规合一"内涵有待深化、理论层面研究尚可深入挖掘、多学科之间的联动研究不足和多规融合应用研究尚可强化等短板，并从空间治理和区域整合的角度，提出下一步应细化并落实乡镇国土空间规划编制，推动跨区域综合性规划的编制等工作。

附录　《"多规合一"机制协调与融合研究》"十问"调查问卷。从具体操作、体制创新和未来趋势等三个角度共十个问题展开问卷调查，并就相关内容进行系统分析，得出较具参考价值的基本结论，利于推进规划发展体制系统完善和一定程度上佐证课题研究的可行性和重要性。

目　录

第一章　研究背景和意义

第一节　研究背景

制定和实施规划是政府管理的重要手段，规划的"一致性"成为各国政府治理体系追求的首要目标。我国特定历史阶段形成的规划体系一定程度上造成政府治理结构的条块分割，限制了政府综合统筹能力和治理执行能力。中共十八届三中全会提出"推进国家治理体系和治理能力现代化"的重大议题，"多规合一"成为中央全面深化改革的一项重要任务，吹响了新时期规划体制机制创新改革的号角。加快推进政府职能转变，构建相互协调、相互衔接与融合的规划机制，逐步形成"一个市县一本规划、一张蓝图"的空间管控格局，探索构建新时代中国特色社会主义的现代规划体系，成为当前我国加强政府宏观调控和创新管理方式的重大战略选择。

一、新常态背景下，转变经济发展方式的需要

伴随40多年的高速增长，我国经济历经了一个低起点、高速度的演变发展进程。在新的历史阶段，投资需求、消费需求、进出口贸易、产业组织方式、生产要素禀赋、市场竞争优势、宏观调控方式和资源配置模式等发生趋势性变化，资源稀缺性及配置低效性日益凸显，环境承载能力逼近上限，粗放而低效的增长模式已不可持续，发展进入"新常态"。[①] 习近平总书记在党的十九大报告中明确指出：我国经济已由高速增长阶段转向高质量发展阶段，即从高速增长转为中高速增长，经济结构优化升级，从要素驱动、投资驱动转向创新驱动。以"多规合一"为基础的规划体制创新改革，既是中央全面深化改革

---

① 顾朝林：《论中国"多规"分立及其演化与融合问题》，《地理研究》，2015 年第 4 期，第 601～613 页。

的一项重要任务，也是转变政府职能的重要手段，更是推动国家主体功能区战略、新型城镇化战略和生态文明战略落实的关键抓手，有利于破除规划乱象下的盲目发展、无序发展和强硬发展，切实转变经济发展方式。

（一）主体功能区战略落实的发展需要

在新的历史发展阶段，我国资源环境约束日趋紧张，土地、生态供需矛盾日渐突出，转变国土空间开发方式、提升国土空间开发保护更为迫切。为适应新时代发展要求，2010年12月，国务院出台《全国主体功能区规划》（国发〔2010〕46号），强化其国土空间开发的战略性、基础性和约束性规划的主体地位，并作为其他规划空间开发、空间布局的基本依据。2011年3月，《中华人民共和国国民经济和社会发展第十二个五年规划纲要》第十九章提出"实施主体功能区战略"，其上升为党中央、国务院的重大战略部署。2015年4月25日，《中共中央 国务院关于加快推进生态文明建设的意见》明确提出强化主体功能定位，全面落实主体功能区规划，坚定不移实施主体功能区战略，构建平衡适宜的城乡建设空间体系。[①] 2017年8月29日，中央全面深化改革领导小组第三十八次会议审议通过了《关于完善主体功能区战略和制度的若干意见》，强调"建设主体功能区是我国经济发展和生态环境保护的大战略"，要求完善主体功能区战略和制度，强化主体功能区作为国土空间开发保护的基础制度保障。从"主体功能区规划→主体功能区战略→主体功能区制度"的演变历程可见，国土开发必须以资源环境承载能力为前提，坚持主体功能区规划，优化国土空间发展格局，推动形成更高质量、更有效率、更可持续的空间发展模式。

"多规合一"的融合发展，有利于贯彻国家主体功能区战略，落实区域主体功能定位，推进市县空间规划的统筹协调，切实构建人口、经济和资源环境相协调的国土空间开发格局。

（二）新型城镇化战略推进的现实需求

新常态背景下，过去依靠城镇规模扩张、土地非农化的粗放发展模式已难以为继，我国城市发展建设正经受多重拷问：一是土地扩张远超过人口进城的

---

① 黄征学、滕飞：《优化国土空间开发新格局谋划区域发展新棋局》，《中国经贸导刊》，2016年第3期，第53~54页。

"假性城市化";二是遭遇人口收缩新态的"规划森林"。①亟须按照"五位一体"的总体布局原则统筹兼顾,推进规划治理体系的创新改革。②2013 年 12 月,中央城镇化工作会议召开,提出优化城镇化布局和形态,科学设置开发强度,划定城市开发边界和生态红线,把城市放在大自然中,把绿水青山保留给城市居民。③要求在市县通过探索经济社会发展、城乡、土地利用规划的"三规合一"或"多规合一",形成一个市县一本规划、一张蓝图,持之以恒加以落实。2014 年 3 月,《国家新型城镇化规划(2014—2020 年)》明确指出:城市规划要由扩张性规划逐步转向限定城市边界,推动有条件地区的经济社会发展总体规划、城市规划与土地利用规划等的"多规合一"。2014 年 8 月,国家发展和改革委员会、国土资源部、环境保护部、住房和城乡建设部等四部委联合下发《关于开展市县"多规合一"试点工作的通知》(发改规划〔2014〕1971 号),指出"多规合一"是改革政府规划体制,建立新型空间规划体系的重要基础,并在全国选定 28 个县市,启动"多规合一"的典型试点。④

今后相当长一段时期,我国仍将处于城镇化快速推进阶段,迫切要求实现城乡统筹、以人为本、布局合理、文化传承,亟待通过"多规合一"的试点改革,推动空间布局和国土利用的有序平衡,促进大中小城市协调发展、城市群合理布局,解决城乡差距扩大,城市发展不平衡、不协调、不可持续的问题,促进城乡治理统筹协调与可持续发展。

（三）生态文明战略实施的内在要求

传统粗放式增长方式,导致国家资源约束趋紧、环境污染严重、生态系统退化、发展与人口资源环境之间的矛盾日益突出,严重制约经济社会的可持续发展。党中央、国务院充分认识生态文明建设的极端重要性和紧迫性,高度重视生态文明建设。2011 年 12 月,国务院印发《国家环境保护"十二五"规划》(国发〔2011〕42 号),强调环境保护是转变经济发展方式的重要手段,是推进生态文明建设的根本措施;并着手开展城市环境总体规划的编制试点。

---

① 李梅:《中国城市开发,何以让生活更美好——城市边界、多规合一与可持续发展》,《探索与争鸣》,2015 年第 6 期,第 18 页。

② 朱春燕、丁琼:《"多规合一"中的治理转型思考》,《当代经济》,2016 年第 22 期,第 17~19 页。

③ 王唯山、魏立军:《厦门市"多规合一"实践的探索与思考》,《规划师》,2015 年第 2 期,第 46~51 页。

④ 刘彦随、王介勇:《转型发展期"多规合一"理论认知与技术方法》,《地理科学进展》,2016 年第 5 期,第 529~536 页。

2015 年 5 月,《中共中央 国务院关于加快推进生态文明建设的意见》(国务院公报〔2015〕14 号)提出:把生态文明建设融入经济建设、政治建设、文化建设、社会建设各方面和全过程,协同推进新型工业化、信息化、城镇化、农业现代化和绿色化,大力推进绿色发展、循环发展、低碳发展,关系人民福祉,关乎民族未来。2017 年 10 月,中共十九大报告旗帜鲜明地指出"建设生态文明是中华民族永续发展的千年大计""坚持节约资源和保护环境的基本国策""走生产发展、生活富裕、生态良好的文明发展道路"。

"多规合一"的融合发展是生态文明建设进程中加快转变经济发展方式、提高发展质量和效益的内在要求,是保护城乡生态环境、建设宜居城市的重要法宝[①],有利于切实贯彻在空间层面上把"五位一体"发展统筹起来,严格划定城市开发边界、永久基本农田保护红线和生态保护红线,科学合理布局和整治生产空间、生活空间、生态空间,统筹实现差异发展、集约发展、绿色发展,更好地保护城市生态环境,保障生态环境安全。[②]

二、深化经济体制改革,转变政府职能的发展要求

改革开放的持续深入和市场经济体制的逐步建立,对现行体制下政府职能越位缺位、政府职责交叉、部门权责脱节和争权诿责等问题提出新的挑战。深化政府职能改革、统筹城乡资源配置、改革行政审批制度、提高政府管理服务能力等成为政府治理能力现代化的关键环节。党的十八大以来,我国深入推进"放管服"改革,推出了一系列改革新举措,全面提升政府效能。党的十九大报告强调,要加快完善社会主义市场经济体制,转变政府职能,建设人民满意的服务型政府。"多规合一"试点改革,在化解规划体系冲突、整合统筹能力的基础上,既为政府审批制度创新改革、城市治理变革转型,服务型政府转变发展提供积极的探索和储备,也适应了时代改革的创新需求。

(一)城市治理变革的转型需要

伴随现代城市理论的不断发展,城市治理的重要性愈发凸显,提升城市治理能力成为新时代国家治理体系的关键领域。改革开放以来,我国城市发展波

---

① 方创琳:《城市多规合一的科学认知与技术路径探析》,《中国土地科学》,2017 年第 1 期,第 28~36 页。

② 王蒙徽:《推动政府职能转变,实现城乡区域资源环境统筹发展——厦门市开展"多规合一"改革的思考与实践》,《城市规划》,2015 年第 6 期,第 9~13,42 页。

澜壮阔，取得了举世瞩目的成就，但在城市规划、城市建设、城市管理上暴露出亟待解决的现实困境。2015 年 11 月，习近平在中央财经领导小组第十一次会议上指出：做好城市工作，首先要认识、尊重、顺应城市发展规律，端正城市发展指导思想。① 2015 年 12 月，中央城市工作会议指出，要从结构、环节、动力、布局、主体等角度，统筹推进城市建设，提高城市工作的全局性和系统性，提高城市发展的持续性、宜居性和积极性。推动以人为核心的新型城镇化，有效化解各种"城市病"，推进城市精细化、规范化管理，实现城市的共治共管、共建共享。② 新常态下，宏观环境的变化要求城市治理按照"五位一体"的总体布局，促进城市治理的变革转型，全面统筹考虑资源环境与社会经济发展等综合因素，实现城市治理的统筹协调与可持续发展。

"多规合一"试点改革顺应当前经济社会发展形势和发展需求的新方向，是推进城市治理体系和治理能力现代化的积极探索。通过各类规划的有机整合，促进空间布局和利用的有序平衡，打造理想城市的空间发展形态，提升城市承载力和宜居度，解决城市发展中不平衡、不协调和不可持续的问题。③

（二）行政审批改革的现实需要

行政审批既是现代国家治理的一种重要控制手段，也是国家管理行政事务的重要制度，被广泛地运用于诸多行政管理领域。随着市场经济体制的不断完善，行政审批中存在的问题日益突出，改革的呼声愈益强烈。虽然 2001 年国务院在批转《关于行政审批制度改革工作的实施意见》（国发〔2001〕33 号）中就提出"改革行政审批制度"的号召，并着手分批次取消、下放行政审批事项，推进行政审批的规范化建设。但在项目审批领域，由于规划种类繁多、标准不一、内容冲突、用途矛盾、部门失调等因素的制约，建设项目审批要件过多、程序冗长的现象仍然存在，行政效率低下。④ 改变项目行政审批程序烦琐、效率低下的现象，已成为市场主体对科学高效行政审批管理的基层诉求和

---

① 《习近平主持召开中央财经领导小组第十一次会议》，http://www.xinhuanet.com//politics/2015-11/10/c_1117099915.htm。

② 《中央城市工作会议在北京举行》，http://www.xinhuanet.com//politics/2015-12/22/c_1117545528.htm。

③ 王蒙徽：《推动政府职能转变，实现城乡区域资源环境统筹发展——厦门市开展"多规合一"改革的思考与实践》，《城市规划》，2015 年第 6 期，第 9～13，42 页。

④ 董祚继：《推动"多规合一"，责任重于泰山》，《中国国土资源报》，2018 年 3 月 20 日第 3 版。

时代呼唤。[①] 在推进"放管服"改革的进程中，中央要求减少对市场主体过多的行政审批等行为。2017 年 9 月，《中共中央　国务院关于开展质量提升行动的指导意见》（国务院公报〔2017〕27 号）决定加快推进行政审批标准化建设，优化服务流程，简化办事环节，提高行政效能。2018 年 8 月，国务院办公厅《关于印发全国深化"放管服"改革转变政府职能电视电话会议重点任务分工方案的通知》（国办发〔2018〕79 号）强调"分类清理投资项目审批事项"，"开展工程建设项目审批制度改革试点，对工程建设项目审批制度进行全流程、全覆盖改革"。行政审批改革已进入深度改革的关键期。

"多规合一"试点改革顺应当前体制创新的变革抓手和需求方向，通过多规的协调整合和协同平台的构建，有助于引领工程建设项目审批制度改革，转变审批理念、统一审批流程、精简审批环节、完善审批体系、规范审批行为[②]，实现"一张蓝图"统项目、"一个系统"管实施、"一个窗口"供服务、"一张表单"报材料、"一套机制"管运行的行政审批机制创新改革，逐步构建科学、便捷、高效的工程建设项目审批管理体系。

（三）政府职能转变的发展需要

政府职能转变是深化行政体制改革的核心。伴随改革开放的不断深入和社会主义市场经济体制的逐步建立，十一届三中全会以来，政府机构改革基本适应社会主义市场经济体制的组织架构和职能体系，市场监管、社会管理和公共服务职能进一步加强，逐步从全能政府、人治政府、封闭政府、管制政府向有限政府、法治政府、透明政府和服务政府转变。[③] 党的十八大以来，我国深入推进"放管服"改革，加快政府职能转变。2017 年 6 月李克强总理强调"把转变政府职能作为深化经济体制改革和行政体制改革的关键"，"始终抓住'放管服'改革这一牛鼻子……实现规范有序、公开透明、便民高效的政府管理，建设人民满意的政府"[④]。中共十九届三次全会提出，转变政府职能，优化政

---

① 朱春燕、丁琼：《"多规合一"中的治理转型思考》，《当代经济》，2016 年第 22 期，第 17～19 页。

② 苏文松、徐振强、谢伊羚：《我国"三规合一"的理论实践与推进"多规融合"的政策建议》，《城市规划学刊》，2014 年第 6 期，第 85～89 页。

③ 《如何加快转变政府职能？》，http://www.gov.cn/2008gzbg/content_924084.htm。

④ 李克强：《在全国深化简政放权放管结合优化服务改革电视电话会议上的讲话》，http://www.gov.cn/guowuyuan/2017-06/29/content_5206812.htm。

府机构设置和职能配置，是深化党和国家机构改革的重要任务。[①]

"多规合一"改革试点，很大程度上源于提高政府行政效能的现实需要[②]，旨在化解规划体系和管理体制的冲突和矛盾，最大限度地满足市场主体的现代发展需要，规范政府行政行为，提升政府效能，全面提振政府公信力和执行力，打造人民满意的服务型政府。

三、强化规划痼疾改革，完善规划体系的发展需要

伴随改革开放的不断深入，城乡发展和经济建设中积累的问题日益凸现，规划的引领和约束功能日益强化。构建现代规划体系受到党和国家的高度重视，加快推进"多规合一"试点改革，着手实施规划体制改革，探索多规协调的对接机制，破除规划系统顽疾等成为亟待解决的现实问题和迫切需要。

（一）规划体制的变革需要

在条块分割的体制框架下，规划体系庞杂，多元化现象突出。[③] 相关统计数据显示，经我国法律授权编制的规划至少有 83 种，在"十五"期间，国务院相关部门编制审定 156 个行业规划，省、地（市）、县各级地方政府共编制多达 7300 多个各类地方性规划。[④]

重点规划间协调较差。国民经济和社会发展规划重点关注发展目标与策略，重"宏观"轻"建设"，政策实施缺乏空间载体，项目落地难。城市总体规划重点关注城区内土地用途、开发强度及不同区位土地空间结构、土地开发时机等内容，对土地占补平衡的统筹考虑不足，导致耕地保有量不能完全达标。土地利用总体规划重点关注农用地、建设用地与未用地指标间的比例关系，土地与城镇化对接不畅，导致城镇空间结构不完整。环境保护总体规划过多地强调保护和约束，发展与保护关系协调不力。[⑤]

破解规划体制顽疾成为国家改革的关注焦点。在 2013 年中央城镇化工作

---

　　① 《中国共产党第十九届中央委员会第三次全体会议公报》，http://cpc. people. com. cn/n1/2018/0228/c64094−29840241. html。

　　② 董祚继：《推动"多规合一"，责任重于泰山》，《中国国土资源报》，2018 年 3 月 20 日第 3 版。

　　③ 韩涛：《"多规合一"导向下城市增长边界划定与协调政策探讨》，《江苏城市规划》，2014 年第 12 期，第 14～17 页。

　　④ 陈惠陆：《"多规合一"广东破局"五位一体"规划先行》，《环境》，2015 年第 6 期，第 28～30 页。

　　⑤ 方创琳：《城市多规合一的科学认知与技术路径探析》，《中国土地科学》，2017 年第 1 期，第 28～36 页。

会议上，习近平总书记提出要建立空间规划体系，推进规划体制改革，加快规划立法工作。[①] 全面推进"多规合一"试点，是化解规划冲突，整合协调部门职能，探索规划体制改革方向，完善规划体系，提高规划管控能力的必然要求。

（二）规划冲突的化解需要

源于规划体例的差异，"多规合一"试点前，各类规划自成体系，话语体系各异，在规划主体、基础资料、统计口径、规划期限、用地分类等方面存在较大差别，造成经济社会发展规划"有地无项目、有项目无地、有地有项目无规划"等"四有三无"发展困境。编制依据互相矛盾，土地资源浪费和土地资源稀缺现象并存，城市管理"缺位"与"越位"共存，宜居环境打造与生态环境破坏同存，难以实现有效开发与保护。

由多个部委共同推进的"自上而下"的授权式改革，赋予"多规合一"强烈的时代使命。2014年，国家发展改革委、国土资源部、环境保护部、住房城乡建设部联合发文《关于开展市县"多规合一"试点工作的通知》（发改规划〔2014〕1971号），通知明确指出，"多规合一"试点是解决市县规划自成体系、内容冲突、缺乏衔接协调等突出问题，保障市县规划有效实施的迫切要求。[②] 通过试点，围绕规划冲突的主要问题，探索"多规合一"改革的技术路径和具体内容，有利于构建衔接各类规划的对接机制，推进各类规划整合。

（三）部门博弈的改革需要

在规划体制固有矛盾和不同规划体例的背景下，各规划部门往往从自身事权的角度出发分析问题，建构起部门各异的话语体系。甚至为维护部门利益，维护长期监控和审批规划权，有的部门在规划内容和分类系统上有意自成体系，致使规划相互脱节，乃至冲突。同时，伴随市场经济体制的逐步建立，为迎合市场主体的多元化需求，各部门规划事权存在盲目扩张趋势，综合性、交叉性、重叠性特征明显，规划专业性和针对性明显弱化，基层管理难操作，导

---

① 《习近平在中央城镇化工作会议上发表重要讲话》，http://www.xinhuanet.com//photo/2013-12/14/c_125859827.htm。

② 《关于开展市县"多规合一"试点工作的通知》，http://www.ndrc.gov.cn/zcfb/zcfbtz/201412/t20141205_651312.html。

致规划审批难、项目落地难。[①]

　　"多规合一"试点的联合推进，旨在破除部门间"纵向"和"横向"各自为政的规划博弈，通过跨部门、跨领域的规划队伍建设，推进"多规合一"试点改革，统筹经济社会发展规划、城乡建设规划、土地利用规划、生态环境保护规划等规划目标；合理确定规划任务，整合相关规划空间管制，构建合理的城镇、农业、生态三大空间格局；打造信息共享平台，促进部门联合审批，破除部门寻租链条，提升行政审批效率，促进经济社会与生态环境的协调发展。

第二节　研究意义

　　在新时代背景下，"多规合一"试点改革不仅有利于深化经济体制改革、增强政府制度供给能力，加快服务型政府建设，满足经济发展方式变革、转变政府职能、推进规划痼疾改革等宏观发展需要；而且，从规划自身完善的角度看，也利于推进规划部门的大部制改革，利于严格开发边界管理，利于实现土地供需平衡，有效提升规划整合能力，优化空间开发模式，强化空间管控能力，为现代规划体系建设做出尝试性的探索。

一、提升规划整合能力

　　规划的生命力在于科学统筹和严格执行。空间规划的滞后和规划类型的分割与紊乱，规划的执行力大打折扣，难以实现规划的引导和约束功能。

　　"多规合一"试点的加快推进有利于将分散于发改、国土、住建、环保等各部门的主体功能区规划、土体利用总体规划、城乡发展规划和环境保护总体规划等职能进行整合，以主体功能区规划为基础，在资源环境承载力和开发适宜性基础上开展"多规合一"。通过部门协调、技术拼合、职能整合和管理统筹等程序改革，最大限度地避免政府职能交叉、政出多门、多头管理，构建统一的空间规划体系，真正实现"一个市县一本规划、一张蓝图"的试点改革目标，切实提高行政效率，降低行政成本。

---

　　① 顾朝林：《论中国"多规"分立及其演化与融合问题》，《地理研究》，2015 年第 4 期，第 601～613 页。

二、强化空间管控能力

国土空间是各类经济社会活动的载体，具有唯一性和不可再生性。作为重要的战略资源，在快速城镇化进程中，城市扩张需求不断增强，土地供需矛盾不断加剧，基本农田、生态用地被转化为城市用地的压力越来越大，城市规划建设失序、耕地面积大幅征用、生态环境破坏加剧，严重挑战粮食自给和宜居环境的生存底线。[①]

"多规合一"试点改革，在创新、协调、绿色、开放、共享的发展理念指导下，以主体功能分区为基础，遵循人口资源环境相协调、经济社会生态效益相统一的发展思路，统筹整合空间管制分区，科学划定城市开发边界、永久基本农田红线和生态保护红线三条"底线"，严格开发边界管理，构建统筹优化的城市化格局、农业发展格局、生态保护格局，打造合理的生产、生活、生态空间，实现人与自然的和谐发展。

三、优化空间开发模式

毋庸置疑，改革开放以来，我国国土空间开发利用取得了巨大成就，极大地推动了国家的经济社会发展和城市化进程。但国土规划失序和空间治理能力相对滞后，难以有效适应生态文明建设的发展需求，国土空间开发失衡和资源约束趋紧等问题突出，国土资源供给短缺与生产生活持续增长的空间需求不平衡，国土空间开发利用效率较低。保护好、利用好每一寸国土，迫切要求加快转变国土空间开发模式，大力推进生态文明建设。[②]

"多规合一"试点改革，有利于深入贯彻"绿水青山就是金山银山"的科学论断，按照一张蓝图干到底的信念，探索绿色发展理念下国土空间的开发模式和制度支撑。统筹推进国土集聚开发、分类保护与综合整治"三位一体"总体格局，实行最严格的国土空间用途和效率管理制度，落实耕地保护制度、节约用地制度，最大限度地提高和挖掘土地利用效能。着力推进自然资源资产负债、资源环境承载力预警、领导干部资源环境审计等重大改革任务，建立健全空间开发保护制度。

---

① 石坚、车冠琼：《"多规合一"背景下城市增长边界划定与管理实施探讨》，《广西社会科学》，2017年第11期，第147～150页。

② 樊杰：《加快建立国土空间开发保护制度》，《人民日报》，2018年5月23日第20版。

四、构建现代规划体系

放眼全球，发达经济体经过多年的积累和总结，已建立起适应本国需求、较为成熟的现代规划体系。我国现代意义上的规划发展，历经了从"计划—规划—专规"的演变历程，既是时代需求的产物，也是制度变革的产物。伴随中国特色社会主义进入新时代，社会主要矛盾已转化为人民日益增长的美好生活需要和不平衡不充分的发展之间的矛盾。探索建立适应新时代的中国特色社会主义现代规划体系已成为坚持新发展理念，推动国家高质量发展、区域协调发展，实现人与自然和谐共生的重要载体。

从学术研究和应用研究的角度看，围绕"多规合一"试点改革，加强对关联机制的协调与融合研究，通过相关文献的系统梳理、试点模式的归纳总结、地方试点改革导向认知和理解程度的准确把握、规划要件整合路径和发展重点的大力探索，规划落地实施保障统筹机制的逐步完善等系列举措，为试点工作的顺利推进、规划体制改革导向的明晰和空间规划体系的重构等奠定理论储备和实践素材，有助于加快构建具有时代特色的现代规划体系。

第二章　文献综述

"多规合一"理论的提出和试点推进，受到学术界和地方政府的广泛关注，日益成为相关研究的热点。基于不同的研究视角和运用导向，不同主体在规划理念的探索、规划内涵的解读、多规冲突的认知、地方试点的总结及融合路径的研究等方面做了大量的归纳和总结，为多规融合机制研究和规划体系变革突破提供了有益的铺垫，也为本课题研究积累了丰富的支撑素材。

第一节　规划理念的探索

基于不同发展阶段的需要，规划理念不断演化。伴随空间结构理论的不断完善，空间规划发展理论日益成为相关学者关注的重点。

当可持续发展成为主流发展观和发展战略时，Wheeler（2002）提出改变以增长为目标的传统发展方式，新的规划制度应加强对环境和生态问题的关注。[①] 伴随新区域主义理论的发展，空间规划理念向整体性协调管理体系演变，并成为超越部门分割、整合不同空间尺度的战略性框架。空间规划的协调与整合逐渐成为西方国家规划体系革新与完善的核心工作。欧盟通过欧洲空间发展展望，提倡在欧盟、国家、区域三个层面展开空间合作；德国已形成涵盖国家、区域、城市等空间层面的整体性和综合性的规划体系；英国空间规划的编制已成为包括政策整合、战略治理等相关内容的综合进程（Jones等，2010）。[②]

同时，我国学者也做出积极的响应研究。胡宇杰（2006）提出了"以人为

---

① Wheeler S M：The new regionalism：key characteristics of an emerging movement，Journal of the American Planning Association，2002（3）：267—278.

② Jones M T、Gallent N、Morphet J：An anatomy of spatial planning：coming to terms with the spatial element in UK planning，European Planning Studies，2010（2）：239—257.

本"全面发展的规划理念。[①] 张伟等（2005）从公共管理视角出发，主张突出空间规划的环境维度，强调可持续发展。[②] 曲卫东等（2009）主张运用系统论思想指导我国空间规划体系的构建。[③] 俞孔坚教授等从规划顺序创新的角度提出了"反规划理论"，统筹推进环境目标、社会目标和经济目标的协调发展（张佳佳等，2015）。[④]

不难看出，空间规划的整合发展已成为时代发展的主旋律，呈现出整体性、综合性、战略性和可持续性等突出特征。中西方学者对空间规划理论的探索具有重要的参考价值，对我国"多规合一"规划试点的推进、规划体制改革、规划体系的重构提供了较好的理论基础，为空间治理体系的完善提供了可靠的解决方案。

第二节　规划概念的解读

对于"多规合一"概念的认定，学术界有着不同的理解，主要包括以下两种：一是主张构建一个超级完整的大规划；二是希望在现有规划基础上，构建一个"多规"并存的协调体系。[⑤] 虽然二者目标导向上迥异，但研究观点不乏具有重要的参考意义。

一、从试点改革的研究方向看，存在"一本规划"和"一套体系"之间的差异

顾朝林（2015）从空间规划体系散乱的角度，认为"多规合一"试点改革是对"多规分立"的权宜补救，旨在增加一个战略性、纲要性、能够实现"一

---

① 胡宇杰：《进一步推进规划体制改革的建议》，《宏观经济管理》，2006 年第 7 期，第 38～40 页。

② 张伟、刘毅、刘洋：《国外空间规划研究与实践的新动向及对我国的启示》，《地理科学进展》，2005 年第 3 期，第 79～90 页。

③ 曲卫东、黄卓：《运用系统论思想指导中国空间规划体系的构建》，《中国土地科学》，2009 年第 12 期，第 22～27、68 页。

④ 张佳佳、郭熙、赵小敏：《新常态下多规合一的探讨与展望》，《江西农业学报》，2015 年第 10 期，第 125～128 页。

⑤ 蒋跃进：《我国"多规合一"的探索与实践》，《浙江经济》，2014 年第 21 期，第 44～47 页。

级政府、一本规划、一张蓝图"的市县区域发展总体规划。[①] 李亮等(2016)直接提出,"多规合一"是市县规划改革创新的桥头堡,就是多个规划的整合与统一。[②] 但是有相当一部分学者提出了不同的看法。刘亭(2015)从"一本规划"的角度,认为"多规合一"的成果不过是一本战略性、基础性和统领性的总体规划,是一部总框架、大空间、粗线条的综合规划,并非一个市县只编"一本规划"之意。[③] 王维山等(2015)指出,"多规合一"试点改革,没必要将各个规划合成一个"巨无霸"式的规划,可在建立统一空间规划体系的同时,"合一"后的规划仍各自独立而完整。[④] 浙江省咨询委战略发展部(2015)则认为"多规合一"是建立一个由"一本总规"和"一张总图"为统领的,其他规划各展所长、各得其所的有机体系,通过"协调机制",实现统筹和细分、综合与专项、开发与保护、远期和近期、编制与实施的有效结合。[⑤]

二、从体制机制的改革导向看,存在空间规划平台构建和规划体系建设的差异

蒋跃进(2014)认为,"多规合一"是将各项规划所涉相同内容进行统筹,具体落实到一个共同的空间规划平台上,旨在加强规划空间管制政策的协调。[⑥] 樊森(2015)则针对"多规合一"规划无用论、规划形式论、规划唯一论等不同论调,强调"多规合一"是深化规划体制改革,旨在建立新的规划体系,不是一个区域只编一本规划的粗浅认识,重在推进规划衔接协调和重构上下位法规整合和管理体系的问题。[⑦] 胡志强(2016)指出,"多规合一"并非只搞一个规划,主要是构建以经济社会发展规划为引领、以空间规划为基础的发展规划和空间规划相融合的规划体系。[⑧]

---

① 顾朝林:《论中国"多规"分立及其演化与融合问题》,《地理研究》,2015年第4期,第601~613页。

② 李亮、薛鹏、梁涛:《多规合一——规划改革的引领者》,《中国测绘》,2016年第4期,第60~61页。

③ 刘亭:《"三个一"的可贵探索》,《浙江经济》,2015年第11期,第14页。

④ 王唯山、魏立军:《厦门市"多规合一"实践的探索与思考》,《规划师》,2015年第2期,第46~51页。

⑤ 浙江省咨询委战略发展部:《围绕"三个一"推进"多规合一"》,《决策咨询》,2015年第6期,第13~15、20页。

⑥ 蒋跃进:《我国"多规合一"的探索与实践》,《浙江经济》,2014年第21期,第44~47页。

⑦ 樊森:《空间规划改革与"多规合一"》,《西部大开发》,2015年第4期,第61~67页。

⑧ 胡志强:《"多规合一"并非只搞一个规划》,《中国党政干部论坛》,2016年第5期,第89页。

三、从技术方法的途径探索看，协调机制的建立成为主要的解决手段

谢英挺等（2015）将各地市"多规合一"实践视为一项技术协调工作，主要通过规划对接和部门协商，使得涉及空间的规划内容基本一致，以期在短期内缓解划之间的矛盾。① 郑玉梁等（2015）认为"多规合一"并不是重新编制一种新的"规划"，只是协调和解决同一空间内多种规划所存在的冲突和矛盾，并统筹部署城乡空间资源的一种规划协调方法。② 李琼等（2015）也认为"多规合一"实际上是一种规划协调工作而非一种独立的规划类型。③ 孙炳彦（2016）提出，"多规合一"本质就是一种规划协调，通过对经济社会发展规划、土地利用规划、城乡发展规划、环境保护规划等有机衔接，实现空间布局的优化，以提高政府的空间管控能力。④

同时，有学者提出了第三种方案，主张用"1+X"模式来实现多规融合，即用一个全新的"合一"规划，再加上"国民经济和社会发展规划""土地利用总体规划""城乡建设规划"和"环境保护规划"，或者在一个全新的"合一"规划基础上，与4大规划中的某个规划合并为一个"基准规划"。⑤

第三节　多规冲突的认知

多规冲突由来已久，是引起规划变革的直接因素。学术界对多规冲突的探究主要集中在制度性根源和微观操作上的诸多表现。

① 谢英挺、王伟：《从"多规合一"到空间规划体系重构》，《城市规划学刊》，2015年第3期，第15～21页。

② 郑玉梁、李竹颖：《国内"多规合一"实践研究与启示》，《四川建筑》，2015年第4期，第4～6页。

③ 李琼、赖雪梅：《反规划理论在"多规合一"中的应用》，《当代经济》，2015年第15期，第92～93页。

④ 孙炳彦：《"多规"关系的分析及其"合一"的几点建议》，《环境与可持续发展》，2016年第5期，第7～10页。

⑤ 孟鹏、冯广京、吴大放等：《"多规冲突"根源与"多规融合"原则——基于"土地利用冲突与'多规融合'研讨会"的思考》，《中国土地科学》，2015年第8期，第3～9，72页。

一、从根源上看，较多集中在规划协调机制较差方面

张少康等（2014）认为源于各自规划的目标、变化频度和刚性的不一致，导致规划差异巨大。① 孟鹏等（2015）认为"多规冲突"是中国社会经济发展特殊阶段的产物，主要原因在于各类规划目标和原则在社会经济发展整体目标上缺乏一致性和协调性，制度根源在于中央和地方的利益博弈，体制根源在于部门利益、多头管理等之间的博弈。② 谢英挺（2017）认为空间治理体系缺乏系统性、行政边界缺乏协同机制是目前空间治理面临的主要困境。③ 许景权等（2017）、陈雯等（2015）从纵向、横向角度阐释了空间规划自成体系、衔接不够、体系各异的实际问题，并认为缺少法定的龙头空间规划与综合协调部门是各类空间规划群龙无首的主要原因，导致图斑冲突现象突出。④⑤ 安济文等（2017）从空间规划体系庞杂、标准多样、缺乏衔接和沟通的角度分析了"多规合一"存在的主要问题。⑥ 朱江等（2015）指出，我国重纵向控制、轻横向衔接的空间规划体系和管理体制成为阻碍"多规合一"试点推进的重要因素。⑦ 林坚等（2015）从博弈论的角度，认为多规冲突表象是围绕土地发展权配置的博弈结果，其实质是各级各类空间规划关注的核心焦点——土地发展权。⑧

---

① 张少康、温春阳、房庆方等：《三规合一——理论探讨与实践创新》，《城市规划》，2014年第12期，第78~81页。

② 孟鹏、冯广京、吴大放等：《"多规冲突"根源与"多规融合"原则——基于"土地利用冲突与'多规融合'研讨会"的思考》，《中国土地科学》，2015年第8期，第3~9，72页。

③ 谢英挺：《厦门、蚌埠、常熟的空间治理实践与思考》，《城市研究》，2017年第1期，第115~119页。

④ 许景权、沈迟、胡天新等：《构建我国空间规划体系的总体思路和主要任务》，《规划师》，2017年第2期，第5~11页。

⑤ 陈雯、闫东升、孙伟：《市县"多规合一"与改革创新：问题、挑战与路径关键》，《规划师论坛》，2015年第2期，第17~21页。

⑥ 安济文、宋真真：《"多规合一"相关问题探析》，《国土资源》，2017年第5期，第52~53页。

⑦ 朱江、邓木林、潘安：《"三规合一"：探索空间规划的秩序和调控合力》，《城市规划》，2015第1期，第41~47页。

⑧ 林坚、陈诗弘、许超诣等：《空间规划的博弈分析》，《城市规划学刊》，2015年第1期，第10~14页。

二、从微观操作角度看，多规的矛盾冲突主要集中于技术标准不统一、规划编制难协调和人才稀缺等困境

从微观操作层面看，多数学者（孟鹏等，2015；付霏，2018）认为规划冲突主要源于规划类型较多，各类规划间的编制程序和技术标准等缺乏有效的统一，导致事权划分不清晰，规划内容相互交叉、相互冲突明显。[①②] 王旭阳等（2017）指出"多规合一"存在的主要问题在于基础数据、技术标准、土地用途分类的不统一，从而影响三类空间的划定。[③] 基于规划主体的不统一，导致各自为政的规划局面，相互间缺乏认可和协同，规划打架难以避免。[④] 同时，源于规划属性的差异，各种空间规划侧重点不同、融合性较差，规划承载的部门利益与政府职能转变要求互相冲突等。[⑤] 从规划编制的要求看，有学者（沈迟等，2015）指出普遍存在"多头制定、指标脱节"的体系缺陷，导致指标多头脱节。[⑥] 同时，空间划分不稳定和规划协调推进不畅等因素影响，对规划的衔接造成较大的编制挑战。[⑦] 从编制需求的人才看，麦茂生（2016）以广西贺州为例，指出基层编制人才断层现象严重，专业技术人员严重欠缺。[⑧] 其中，空间管理专门性人才更为稀缺，直接影响空间规划编制的科学性和准确性。[⑨]

因此，在以问题为导向的原则下，"多规合一"试点面临的困境既为规划体系的变革和空间规划体系的形塑提供了时代诉求，也为本课题的系统分析和

---

① 孟鹏、冯广京、吴大放等：《"多规冲突"根源与"多规融合"原则——基于"土地利用冲突与'多规融合'研讨会"的思考》，《中国土地科学》，2015年第8期，第3~9，72页。

② 付霏：《我国多规合一的经验借鉴与现实困境》，《产业与科技论坛》，2018年第4期，第119~120页。

③ 王旭阳、肖金成：《市县"多规合一"存在的问题与解决路径》，《经济研究参考》，2017年第71期，第5~9页。

④ 刘彦随、王介勇：《转型发展期"多规合一"理论认知与技术方法》，《地理科学进展》，2016年第5期，第529~536页。

⑤ 陈升：《推动"多规合一"改革落地的思考》，《中国行政管理》，2019年第8期，第17~19页。

⑥ 沈迟、许景权：《"多规合一"的目标体系与接口设计研究——从"三标脱节"到"三标衔接"的创新探索》，《规划师》，2015年第2期，第12~16，26页。

⑦ 徐万刚、杨健：《四川"多规合一"试点的探索与思考》，《决策咨询》，2016年第6期，第70~73页。

⑧ 麦茂生：《"多规合一"模式下建筑规划设计人才建设路径——以广西贺州市为例》，《贺州学院学报》，2016年第4期，第125~128页。

⑨ 邢文秀、刘大海、刘伟峰等：《重构空间规划体系：基本理念、总体构想与保障措施》，《海洋开发与管理》，2018年第11期，第3~9页。

深入研究提供了现实依据和针对性导向铺垫。

第四节 地方试点的总结

我国规划的区域试点经历了初期城乡规划、土地利用总体规划"两规合一"与经济社会发展规划相结合的"三规合一",到目前融合生态环境保护的"多规合一"等发展阶段。围绕不同地方不同类型的规划试点,国内相关学者进行了大量的研究、归纳和总结。

一、前期试点阶段,大多处于自发的需求诱致性制度变迁探索

(一)"两规合一"试点

2008年,上海在"规土整合"中,组建完成新的上海市规划与国土资源管理局,实现了两大规划体系在用地规模、发展方向、布局形态等基础性内容方面的协同和对接,并集中完成全市城乡建设用地"一张图"的核心成果(胡俊,2010)[1],形成以土地利用总体规划为载体,建设用地总规模和基本农田保护相协调的城乡规划空间布局(姚凯,2010)。[2] 武汉市通过"规土融合"的方式集中抓好重点功能区规划,实现规划建设与土地利用、规划编制与管理实施的一体化,促进城市土地"增量扩张"向"存量挖潜"的转型,优化和提升了城市的发展空间(黄焕等,2015)。[3]

(二)"三规合一"试点

2009年,广州通过组建强有力的工作领导小组和协调机制,以战略规划为统领,协调主体功能区规划、城市总体规划与土地利用总体规划,实现城乡规划的全覆盖(丁镇琴,2014)。[4] 同时,为应对"大城市病",2014年,北京

---

① 胡俊:《规划的变革与变革的规划——上海城市规划与土地利用规划"两规合一"的实践与思考》,《城市规划》,2010年第6期,第20~25页。
② 姚凯:《"资源紧约束"条件下两规的有序衔接——基于上海"两规合一"工作的探索和实践》,《城市规划学刊》,2010年第3期,第26~31页。
③ 黄焕、付雄武:《"规土融合"在武汉市重点功能区实施性规划中的实践》,《规划师》,2015年第1期,第15~19页。
④ 丁镇琴:《我省"三规合一"工作情况及广州市经验介绍》,《广东规划简讯》,2014年第1期,第6~7页。

市政府提出推进经济发展规划、城乡建设规划、土地利用规划"三规合一"，科学划定城市开发边界，优化、提升城乡功能，以期扭转城市发展"摊大饼"，提升城镇化质量（周楚军等，2014）。[1]

（三）"多规合一"试点

在"多规合一"的试点中，以重庆的"四规叠合"最为典型。2009年，重庆市破除部门利益之争，力推产业发展规划、城乡建设规划、土地资源利用规划和生态环境保护规划的整合，形成经济和社会发展总体规划。围绕四类规划在空间上的协调要素、期限界定、工作方式及实施机制进行了大胆的探索（陈建先，2009）。[2] 同时，在地区规划改革的探索上，王辰昊（2009）从完善组织架构的角度，主张建立"多规合一"的规划技术标准，编制以《滨海新区城乡发展总体规划》为龙头的"多规合一"规划编制体系。[3] 王吉勇（2013）围绕深圳新区的发展，从政府权力下放的角度，主张通过多规组织机制、联动编制、联合审批的规划路径，编制综合发展规划。[4] 张强（2014）结合莆田的规划改革发展，提出设立"多规合一"工作领导小组，建立强有力的协调机制，积极推进信息平台建设、技术标准统一及规范化成果表达等技术层面改革，推进全域空间规划。[5]

二、后期试点阶段，主要针对国家相关部委授权地方推动的系统总结

广东增城区通过统一发展的理念，以"三区三线"基本生态控制线为底线，明晰发展战略、发展空间、用地布局、技术标准等协调和融合，规避分歧和差异。[6] 海南省将全省视为一个城市进行规划设计，通过融合主体功能区规

---

[1] 周楚军、段金平：《北京："三规合一"治"大城市病"》，《国土经纬》，2014年第2期，第16～17页。

[2] 陈建先：《统筹城乡的大部门体制创新——从重庆"四规叠合"探索谈起》，《探索》，2009年第3期，第64～67页。

[3] 王辰昊：《关于滨海新区实施"多规合一"的探讨》，《港口经济》，2009年第8期，第8～12页。

[4] 王吉勇：《分权下的多规合一——深圳新区发展历程与规划思考》，《城市发展研究》，2013年第1期，第23～29，48页。

[5] 张强：《基于"多规合一"的规划体制创新研究——以莆田实践为例》，《统建建筑》，2014年第7期，第7～10，90页。

[6] 陈惠陆：《"多规合一"广东破局 "五位一体"规划先行》，《环境》，2015年第6期，第28～30页。

划、土地利用规划、城镇体系规划、生态保护红线规划、林地保护利用规划和海洋功能区规划等的整合，搭建统一的管理信息平台，构建统一的空间规划体系。① 福建厦门市通过构建"一张蓝图、一个平台、一张表、一套机制"的"四个一"体系，完善空间规划体系、促进审批流程再造、加快政府职能的转变②，并逐步形成"战略规划＋协同平台＋机制体制模式"。③ 浙江开化县以空间管理体系重构为核心，涵盖规划体系、空间布局、技术标准、基础数据、信息平台和管理机制的"六个统一"，获得习近平总书记的点赞。④⑤ 广西贺州通过"以产定地"的空间发展模式，实行"规模刚性与布局弹性"相结合的空间管控模式，建构形成包括"一套标准、一张蓝图、一套办法、一个平台、一套机制、一个体系"的"六个一"技术规范框架。⑥

可以看出，"多规合一"规划的试点研究和系列总结具有浓烈的地方色彩，改革措施各有千秋，为本课题研究提供了重要的参考素材。但"多点开花"的试点难以推进规划制度的整体性、系统性变革，一定程度上会陷入难以预测的发展束缚，从而为本课题项目的探索留下了研究空间。

第五节　融合路径的研究

在"多规合一"整合路径的选择上，我国学者进行了广泛的探索。在推进市场经济体制改革的进程中，杨伟民（2004）较早就提出了规划衔接的发展命题，主张按照完善社会主义市场经济体制的总体要求，理顺各级各类规划之间以及规划编制过程各环节、各方面的关系。⑦ 何克东等（2006）主张通过规划

---

① 刘阳、王涅、黄朝明：《海南省"多规融合"技术方法的实践探索》，《中国国土资源经济》，2018 年第 5 期，第 30～34、58 页。

② 王蒙徽：《转变发展方式：建设美丽中国的厦门样板》，《行政管理改革》，2016 年第 8 期，第 16～23 页。

③ 祁帆、邓红蒂、贾克敬等：《我国空间规划体系建设思考与展望》，《国土资源情报》，2017 年第 7 期，第 10～16 页。

④ 李志启：《总书记点赞开化"多规合一"试点经验——浙江省发展规划研究院为开化县"多规合一"试点匠心绘蓝图》，《中国工程咨询》，2016 年第 7 期，第 10～14 页。

⑤ 周世锋、秦诗立、王琳：《开化"多规合一"试点经验总结与深化建议》，《浙江经济》，2016 年第 8 期，第 50～51 页。

⑥ 童政、周骁骏：《广西推进"多规合一"试点》，《经济日报》，2017 年 1 月 18 日第 11 版。

⑦ 杨伟民：《规划体制改革的主要任务及方向》，《中国经贸导刊》，2004 年第 20 期，第 8～12 页。

立法的形式，将各专业性规划和综合性规划相统一，消除"规划打架"现象。① 刘亭（2014）认为"多规合一"的顶层设计关键是要辩证处理空间规划与发展规划之间的关系，从而完善空间总体规划。② 蒋跃进（2014）则直陈"多规合一"面临的最大问题是要"跨越部门利益"，坚持走深化体制改革和"规划整合"相结合的发展路径。③

一、从多规融合中统领地位的选择看，国内学者争论激烈

部分学者认为推进规划体制改革，应当增强国民经济和社会发展总体规划的权威性，用以指导整个国家的空间发展蓝图（胡宇杰，2006；赵珂，2008）。④⑤ 王东祥（2007）主张以主体功能区规划为依据，确立区域规划的龙头地位，统领国土空间规划。相反，李强（2014）则认为要充分突出省域国土空间总体规划体系的统领作用，通过"多规融合"破解专项规划统筹不力、难以落地的难题。⑥

二、从多规融合的适用技术路径看，国内学者研究范围较为宽泛

部分学者（王旭阳等，2017；王光伟等，2017；熊健等，2017）提出要加强标准的整合，建立国家层面的统一技术标准体系，加强土地分类的协调性。⑦⑧⑨ 黄勇（2016）提出要统一规划编制期限和时序、统一空间图件编制标

---

① 何克东、林雅楠：《规划体制改革背景下的各规划关系刍议》，《理论界》，2006 年第 8 期，第 49~50 页。

② 刘亭：《"多规合一"的顶层设计》，《浙江经济》，2014 年第 16 期，第 12 页。

③ 蒋跃进：《我国"多规合一"的探索与实践》，《浙江经济》，2014 年第 21 期，第 44~47 页。

④ 胡宇杰：《进一步推进规划体制改革的建议》，《宏观经济管理》，2006 年第 7 期，第 38~40 页。

⑤ 赵珂：《空间规划体系建设重构：国际经验及启示》，《改革》，2008 年第 1 期，第 126~130 页。

⑥ 李强：《把省域国土空间作为"一盘棋"谋划》，《浙江经济》，2014 年第 16 期，第 6~8 页。

⑦ 王旭阳、肖金成：《市县"多规合一"存在的问题与解决路径》，《经济研究参考》，2017 年第 71 期，第 5~9 页。

⑧ 王光伟、贾刘强、高黄根：《多规合一"规划中的城乡用地分类及其应用》，《规划师》，2017 年第 4 期，第 41~45 页。

⑨ 熊健、范宇、金岚：《从"两规合一"到"多规合一"——上海城乡空间治理方式改革与创新》，《城市规划》，2017 年第 8 期，第 29~37 页。

准，实现规划技术标准对接。[①] 技术整合上，相关学者（刘奇志等，2016；谢英挺等，2015；孟鹏等，2015）建议要构建"'面—线—点'一体的空间规划框架"，整合配套机制，构建空间规划信息联动平台，实现共编共审，共建共享的"一张图"。[②③④]

三、从多规融合保障机制的设置看，相关研究各有侧重

熊健等（2017）主张设立高规格的规划领导小组，完善组织架构，构建强有力的组织形式。[⑤] 针对法律缺失的困境，部分学者（赖权有等，2018；黄征学等，2017）建议尽快出台空间规划法，赋予"多规合一"应有的法律定位，理顺规划之间的法律关系。[⑥⑦]

上述路径研究涉及面广、内容丰富、各有侧重且争论激烈，为"多规合一"的试点总结、空间规划体系的形塑和规划体制的改革提供了可靠而具实践操作的难得素材。然而，囿于研究视角偏好的影响，局部研究的散乱特征尤其明显，整个规划体系的协调融合研究甚为空白，亟待加以模式化、系统化和前沿化探索，促进规划体制变革有序推进。

---

① 黄勇、周世锋、王琳：《"多规合一"的基本理念与技术方法探索》，《规划师》，2016年第3期，第82~88页。

② 刘奇志、商渝、白栋：《武汉"多规合一"20年的探索与实践》，《城市规划学刊》，2016年第5期，第103~111页。

③ 谢英挺、王伟：《从"多规合一"到空间规划体系重构》，《城市规划学刊》，2015年第3期，第15~21页。

④ 孟鹏、冯广京、吴大放等：《"多规冲突"根源与"多规融合"原则——基于"土地利用冲突与'多规融合'研讨会"的思考》，《中国土地科学》，2015年第8期，第3~9，72页。

⑤ 熊健、范宇、金岚：《从"两规合一"到"多规合一"——上海城乡空间治理方式改革与创新》，《城市规划》，2017年第8期，第29~37页。

⑥ 赖权有、钱竞：《关于机构改革后建立空间规划体系的思考》，《特区经济》，2018年第8期，第31~34页。

⑦ 黄征学、王继源：《统筹推进县市"多规合一"规划的建议》，《国土资源情报》，2017年第5期，第24~30页。

第三章　理论基础

　　"多规合一"试点改革绝非仅是一个规划体系的重构问题，而是在试点基础上对现代规划理论的大胆吸纳和试演，搭建起不断丰富、逐步完善、符合我国特定历史阶段、具有中国特色的规划理论体系。

第一节　反规划理论

　　反规划（Anti-planning）理论并非字面上的"反对"规划之意，是在传统规划理念、路径或方法上的一种"逆向式"创新，2002 年由北京大学景观设计学院院长俞孔坚教授在《论反规划与城市生态基础设施建设》一文中首次提出，是在快速城市化进程中，为应对城市规划优先导致建设用地无序扩张而形成的全新规划思维模式，从操作程序上讲是规划顺序的创新，即从传统的以城市设计、产业布局土地利用等规划秩序向以刚性需求的非建设用地规划、城市生态基础建设规划为优先规划的路径转变[1]，旨在对基本农田、生态林地、自然保护区、水源保护地等区域实施严格管控，以确保生态空间安全为发展底线导向的容量控制方法，其本质是基于生态安全底线的防御性措施。[2] 在理论实质上是经济社会发展到一定阶段对环境目标、社会目标和经济目标相互协调发展的统一思想，凸显了人类对自身可持续发展的生存需求，为"多规合一"生产、生活、生态空间划定，国土空间开发利用总体格局的优化提供了理论依据。[3]

---

　　① 李琼、赖雪梅：《反规划理论在"多规合一"中的应用》，《当代经济》，2015 年第 15 期，第 92~93 页。

　　② 韩涛：《"多规合一"导向下城市增长边界划定与协调政策探讨》，《江苏城市规划》，2014 年第 12 期，第 14~17 页。

　　③ 张佳佳、郭熙、赵小敏：《新常态下多规合一的探讨与展望》，《江西农业学报》，2015 年第 10 期，第 125~128 页。

反规划理论有助于提升"多规合一"试点规划价值观体系的完整性、规划公共政策属性的合理性和维护社会利益的整体性，关注公共与私人行为的分布效果，保障社会资源、土地资源配置的公平公正。[①]

第二节 空间结构理论

空间结构是经济要素在一定地域范围内不同空间点上的分布状况及变动趋势。空间结构理论重在寻求各种经济主体在空间上的最优组合与分异的区域经济空间结构演化规律，主要包括农业区位理论、工业区位理论、增长极化理论和空间分异理论。

一、农业区位理论

19世纪20年代，德国农业经济学家杜能在《孤立国同农业和国民经济之关系》中首次提出并系统阐释了农业区位思想，奠定了农业区位理论的基础。通过农产品生产地到农产品消费地的距离对土地利用所产生的影响，阐释了对农业生产的区位选择问题。城市周围土地利用随着距离的远近和范围环境的变化形成不同半径的以某一种农作物为主的若干同心圆，随着种植作物的不同，以城市为中心，由里向外逐次形成自由式农业、林业、轮作式农业、谷草式农业、三圃式农业、畜牧业等六类同心"杜能圈"结构。

农业区位理论对农业生产布局提供了一定的指导作用，揭示了农业生产类型的相关优越性，农业生产的集约程度、空间布局和市场之间的关系；对区域经济空间理论提供了良好的启蒙作用，强调要在充分考虑自然因素的基础上，围绕市场需求、交通运输条件、劳动力等因素的变化，不断优化农业空间格局。

二、工业区位理论

工业区位理论是研究工业活动的空间配置理论，涵盖工业分布类型、工业结构的地区变动以及与不同工业活动相匹配的空间组织形式。[②] 1909年，德国

---

① 李琼、赖雪梅：《反规划理论在"多规合一"中的应用》，《当代经济》，2015年第15期，第92~93页。
② 张燕生：《现代工业区位理论初探》，《世界经济》，1986年第4期，第21~27页。

经济学家韦伯出版《工业区位论：区位的纯粹理论》一书，开拓了工业区位理论，主张从运输、劳动力、集聚和分散因子等角度研究资源空间配置的决策过程和生产力合理布局，将企业吸引到生产费用最小、节约费用最大的地点。[①] 廖什从动态区位的角度，提出了中心地理论，开辟了从消费地研究工业布局理论的新途径，将利润原则和产品销售范围相联系，揭示不同等级市场圈所辖消费地数量和最大供应距离之间的关系，认为工业区位主要由销售范围的大小和需求量决定。[②] 伊萨德把工业区位理论与社会实践相结合，注重地方特点和区位优势，通过比较成本分析、投入产出分析等综合分析，建立地区性的最佳生产部门，并作为地区开发规划的基本依据。同时，行为学派将行为科学与工业区位论相结合，从时间与空间的连续体角度研究个人与行为的关系。

工业区位理论对区域工业化意义重大，为"多规合一"重大产业项目的布局和城镇边界划定提供了一定的理论支撑。在区域工业结构优化布局的进程中，工业区位理论的深化有利于促进区域工业化的协调发展，实现工业空间资源的合理配置。

三、增长极化理论

源于增长极理论演化形成的区域经济空间结构极化理论，提出经济发展的非均衡性和趋异倾向性。法国经济学家佩鲁研究得出增长极"推动型单元"的创新能力，通过推动效应促使一个地区超越其他区域，实现优先发展。缪尔达尔通过循环累积过程理论，认为随着时间的推移，各项积极或消极的刺激累积会造成固定的发展差距。区际贸易的结果也会强化区域发展差距，形成以工业为主导的繁荣发展区域和以农业为主导的缓慢发展区域，逐步形成区域经济发展中的"中心"和"外围"对立格局。从发展进程看，极化过程并不是一个固定不变的概念，政府规划的适当介入可有效改善一些消极的极化发展，强化均衡效应，削弱吸收效应，阻断消极的循环累积过程。

区域经济空间结构极化理论为合理划定城镇、农业和生态三大空间提供了理论依据，强调了极化进程中的产业、经济、城镇等均衡化兼顾发展，为破解城乡二元空间结构奠定了理论基础，为政府空间规划体系的完善提供了强有力

---

① 任保平：《基于工业区位理论的西部新型工业化及其路径转型》，《西北大学学报（哲学社会科学版）》，2004 年第 4 期，第 35~40 页。

② 钱伟：《区位理论三大学派的分析与评价》，《科技创业月刊》，2006 年第 2 期，第 179~180 页。

的理论支撑。

四、空间分异理论

20 世纪 50 年代以来，区域经济空间分异逐渐成为经济研究的一个热点问题。区域经济发展水平不但受区域产业结构的影响，而且与该区域空间结构紧密相连，从而引发经济空间上的分异。区域经济空间分异是区域长期增长和空间集聚的结果，反映了区域内部经济发展的不平衡，在物质形态上表现为多种类型的经济空间组织形式：核心—边缘结构、多核心—边缘结构、网络结构、点—轴结构、双核结构、点—轴—面结构和板块结构，呈现出区域经济的空间分异格局。[①]

区域经济空间分异理论虽然不完全成熟，但从区域协调发展和经济社会和谐稳定的角度看，无疑为优化区域经济空间结构提供了理论基础，同时为区域协调发展的政策供给、发展路径借鉴等奠定了现实依据。

第三节　人本规划理论

人本主义，是确立以人为本思想的核心地位，以人的权利和利益为最高原则。[②] 人本主义思想发轫于古希腊时期的理性主义，经由中世纪宗教和神学的异化，在文艺复兴时期得到恢复和发展，形成了一种比较系统的思想形态。随着工业革命的爆发和城市功能地位的不断提升，"以人为本"或"人本主义"规划理论得到系统发展。霍华德提出了田园城市理论，希望通过以卫星城或新建设为手段，促进城市和乡村的融合实现对大城市功能的纾解，迸发新的希望、新的生活和新的文明。柯布西埃提出了理性功能主义城市规划思想，主张通过城市高层建筑、高效城市交通系统建造现代"光辉城市"。芒福德将社会学思想融入城市规划理念，提出了现代城市规划理论，揭示了城市发展与文明进步、文化更新换代的联系规律[③]，提倡将人作为城市发展的首位，使城市获得持续健康、和谐发展的活力。

---

① 黄峥、徐逸伦：《区域经济空间分异及其演变分析研究——以浙江省为例》，《长江流域资源与环境》，2011 年第 Z1 期，第 1~8 页。
② 董祚继：《中国现代土地利用规划研究》，南京农业大学，2007 年，第 146 页。
③ 刘易斯·芒福德：《城市发展史：起源、演变和前景》，倪文彦、宋峻岭译，中国建筑工业出版社，1989 年，第 87~89 页。

人本主义规划理论对人性化、人文化和人的参与化给予了高度关注，是现代规划和和谐社会建设的重要理论依据和发展支撑，对"多规合一"试点在公民利益和权利保护、规划知情权和发言权享有、规范过程的参与权等提出了更高的要求，使规划的制定和执行拥有更为科学、更为透明、更为有效的发展环境。[①]

第四节　可持续发展理论

20世纪60年代起，人们开始关注到经济发展与资源、环境之间的矛盾，并逐步提出可持续发展理论。[②] 1987年，世界环境与发展委员会（WCED）发布了《我们共同的未来》报告，第一次引入"可持续发展"这一概念，被认为是可持续发展概念的起点。1990年联合国《21世纪议程》第一次把可持续发展问题从理论层面推向行动。[③] 尽管"既满足当代人的需要，又不损害后代人满足需要的能力的发展"的官方定义在学术界存在不少的争议，但基于生态可持续性、社会正义和人民积极参与基础上的对现有资源和生态环境进行保护，以满足对后代生存和发展之需的共识已基本形成，并逐步成为全球和各国相关政策制定的重要依据。[④]

土地空间的可持续利用是"多规合一"试点的重要内容。在城市建设、耕地红线、生态红线等空间分布和主体功能划定方面，应当充分考虑资源环境综合承载能力，促进当今和后世的需求、国家主权、国际公平、自然资源、生态承载能力以及环境与发展的融合，统筹经济社会、人与自然和谐发展，保护环境，节约资源，实现政治、经济、社会等与环境的协调发展。[⑤]

---

① 董祚继：《中国现代土地利用规划研究》，南京农业大学，2007年，第147页。

② 张晓玲：《可持续发展理论：概念演变、维度与展望》，《中国科学院院刊》，2018年第1期，第10~19页。

③ 李晓灿：《可持续发展理论概述与其主要流派》，《环境与发展》，2018年第6期，第221~222页。

④ 滕诚悦、施华勇：《基于可持续发展理念指导下的城市更新规划探究》，《智能建筑与智慧城市》，2020年第1期，第25~27页。

⑤ 滕诚悦、施华勇：《基于可持续发展理念指导下的城市更新规划探究》，《智能建筑与智慧城市》，2020年第1期，第25~27页。

第五节　规划协作理论

规划协调发展源于协调发展理论，主要包括可持续发展理论、科学发展观理论、空间治理理论、反规划理论、公共政策理论、博弈论等。从 20 世纪 60 年代起，学术界开始重点关注经济、社会、科技、社会和人的全面协调发展或多元发展，强调经济与社会发展的均衡性，主张"整体、综合、全面"发展。规划协作理论强调规划以人为一切发展的最终目标，给人的发展创造良好的社会环境；协调发展规划是对旧有发展观的辩证否定，强调经济与社会的协同共生；要改变传统发展模式对经济目标的片面追求，促进人与自然环境生态的协调发展；重视文化的作用，通过规划的实施实现经济发展与文化进步的协调发展。①

我国规划协调在"两规融合""三规合一""多规合一"试点等方面取得了多元化的实践，尽管在协调机制、规划体系、技术变革等方面仍较滞后，但为规划协调发展理论完善、技术体系建设、空间体系的构建等提供了探索空间和必要的理论储备。②

因此，多规融合的系统推进不仅要充分体现"反规划"理论的底线思维，坚持以人为本的核心地位，不断丰富和发展可持续发展理论，加强规划协调，全面诠释空间结构理论内涵，促进城乡均衡、空间均衡和科学协调，而且要在不断试点总结探索的进程中加以汇总提炼，探索构建适合本土经济社会协调发展的新的综合性规划理论和体系。

---

① 马念、罗海平：《协调发展理论：城市规划管理新视点》，《中国水运（学术版）》，2006 年第 8 期，第 158～159 页。

② 冯健、李烨：《我国规划协调理论研究进展与展望》，《地域研究与开发》，2016 年第 6 期，第 128～133，168 页。

第四章　演变历程

为有效提高土地资源的利用效率，加强政府职能转变，提升空间治理能力，满足经济社会发展需要，我国在不同历史时期、不同地点的不同发展阶段，开展了多种类型的规划改革探索和试点示范，以期为规划体制的系统改革和规划体系的重构积淀可供借鉴、参考的典型经验。

第一节　"多规合一"的发展历程

经过长期发展，我国逐渐形成相对成熟的规划体系和类型体系，主要包括由发展改革部门牵头编制的国民经济和社会发展规划、住房城乡建设部门牵头编制的城乡建设规划、国土资源管理部门牵头编制的土地利用规划、环境保护管理部门组织编制的生态环境保护规划，以及由交通、能源、水利、通信、民生等部门编制的基础设施建设、公共服务均等化等专项规划。基于特定历史阶段不同的发展需求和功能定位，各类规划虽然加速推动了我国经济社会各领域的快速发展，成就了其特定的历史地位和专属标杆；但也在各方利益冲突不断演变的动态叠加中暴露出规划体系的固有顽疾和发展困境，丧失了其应有的引导约束和专业智慧。推进"多规"的"融合"发展业已成为学界、业界、基层政府乃至国家部委的共同呼声，"多规融合"的多点探索在不同区域呈现出多样化的变迁路径和改革模式，为"多规合一"试点推动的规划机制改革和现代规划体系建构奠定了强有力的实践依据和基础支撑。

一、规划属性简述

基于不同历史阶段形成的中国特色规划体系，以国民经济和社会发展规划、城乡建设规划、土地利用规划、生态环境保护规划等为主体的各类规划在功能定位、法理基础、规划标准、监督实施等基本属性上各有差异、各有归属（如表 4-1 所示）。

表 4-1 我国"四类"规划的基本属性比较

比较项目		四类规划			
环节	分项	国民经济和社会发展规划	城市建设规划	土地利用规划	环境保护规划
管理	主管部门	发展与改革部门	城乡规划部门	国土资源部门	环境保护部门
	规划类别	综合规划	空间综合规划	空间专项规划	空间专项规划
	规划特性	综合性	综合性	专项性	专项性
编制	编制依据	国民经济和社会发展建议	国民经济和社会发展规划	国民经济和社会发展规划、上层土地利用规划	国民经济和社会发展规划
	主要内容	经济社会发展战略目标与重大项目安排	项目空间布局、建设时序安排	耕地保护范围、用地总量及年度指标	生态红线划定、污染防治
	标准体系	非空间	地方坐标、城市用地分类与规划建设用地标准	西安80坐标、市县乡级土地利用总体规划编制规程	—
	编制方式	独立	独立	自上而下、统一	自上而下
审批	审批机关	本级人民代表大会	省市人民政府（或国务院）	省市人民政府（或国务院）	省市人民政府（或国务院）
	审查重点	发展速度和指标、重点项目	人口与用地规模	耕地占补平衡、各类用地指标	总量指标控制
	法律渊源	宪法	城乡规划法	土地管理法	环境保护法
实施	实施力度	战略性、纲领性、约束性	全局性、综合性、约束性	强制性、约束性	强制性、约束性
	实施计划	同级政府年度工作报告	近期建设规划	年度用地计划	年度计划控制指标
	规划年限	五年	一般二十年	一般十五年	五年
监督	监督机构	本级人民代表大会	本级人民代表大会审议、上级政府乃至国务院	上级政府乃至国务院	本级人民代表大会
	实施评估	项目建设执行情况报告、政府年度报告及中期评估	"一书三证"、规划编修	年度计划、农转用制度、用地预审及执法监察	省级以上人民政府组织有关部门，对环境状况进行调查、评价
	监测手段	统计数据	报告、检查	卫星、遥感	监测、预警

注：在相关文献的基础上加以调整集成（详见陈雯等合著的《市县"多规合一"与改革创新：问题、挑战与路径关键》、黄征学等合著的《统筹推进县市"多规合一"规划的建议》等文章）。

（一）功能定位上，地位不同

国民经济和社会发展规划是国家加强和改善宏观调控的重要手段，是政府履行经济调节、市场监管、社会管理和公共服务职责的重要依据，主要关注经济社会发展目标、指标和任务的总体部署，是战略性、纲领性、综合性规划。[1] 城乡建设规划是统筹协调城乡发展空间布局，规范城乡规划区内的建设活动，主要关注城镇空间布局和规模控制、重大基础设施的布局，属于全局性、综合性、战略性发展规划。土地利用规划主要聚焦土地利用分类，落实土地宏观调控和土地用途管制的规划，是指导土地管理的纲领性文件，主要任务是确定耕地保护底线、建设用地范围和规模，属于全局性、控制性、约束性规划。[2] 生态环境保护规划是对区域生态保护和污染防治目标、任务与保障措施等实施的专项安排，主要任务是保护和改善生态环境，防治污染和其他环境公害，属于局域性、控制性和约束性的专项规划。[3][4]

（二）编制依据上，法源不同

国民经济和社会发展规划主要源于国家根本大法《宪法》第 62 条、67 条、第 89 条和第 99 条的相关规定[5]，各级国民经济和社会发展规划的编制出台需经同级人民代表大会审议通过，具有最高的权威性和政策性。而城乡建设规划、土地利用规划和环境保护规划则遵循《城乡规划法》《土地管理法》《环境保护法》等基本法律的相关规定编制，并按法律的相关规定审批，具有强烈

---

[1]　《国务院关于加强国民经济和社会发展规划编制工作的若干意见》（国发〔2005〕33 号），http://www.gov.cn/gongbao/content/2005/content_121467.htm。

[2]　刘彦随、王介勇：《转型发展期"多规合一"理论认知与技术方法》，《地理科学进展》，2016 年第 5 期，第 529~536 页。

[3]　祁帆、邓红蒂、贾克敬等：《我国空间规划体系建设思考与展望》，《国土资源情报》，2017 年第 7 期，第 10~16 页。

[4]　有学者形象地将国民经济和社会发展规划、城乡规划划定为"进攻性"规划，而把土地利用规划和环境保护规划则定性为"防守型"规划（参见黄征学、王继源：《统筹推进县市"多规合一"规划的建议》，《国土资源情报》，2017 年第 5 期，第 24~30 页）。

[5]　我国《宪法》（2018 年新修订）第 62 条强调，全国人民代表大会有权审查和批准国民经济和社会发展计划和计划执行情况的报告。第 67 条指出，全国人民代表大会常务委员会有权在全国人民代表大会闭会期间，审查和批准国民经济和社会发展计划、国家预算在执行过程中所必须作的部分调整方案。第 89 条规定，国务院享有编制和执行国民经济和社会发展计划和国家预算的权力。第 99 条规定，县级以上的地方各级人民代表大会有权审查和批准本行政区域内的国民经济和社会发展计划、预算以及执行情况的报告。因本书提及较多法律法规，为避免篇幅过长，法律法规名称均使用简称。

的专属性和专业性。①

（三）编制标准上，体系不同

在规划期限上，国民经济和社会发展规划与政府任期相同，一般为 5 年规划，辅之以年度短期计划；而土地利用规划和城乡建设规划一般为 10~20 年的中长期规划，其中城市总体规划通常为 20 年，同时还会作出更长远的预测性安排；土地利用规划一般为 15 年，环境保护规划则多以 5 年期进行编制。在坐标体系上，城乡建设规划主要参照地方坐标系，推进大、中城市规划和重大项目建设②，而土地利用规划则多采用西安 80 坐标系为参照标准着手推进土地资源的开发利用和管控。在土地分类标准上，城乡建设规划主要采用《城市用地分类与规划建设用地标准》，包括 10 大类、46 中类、73 小类，并围绕地方发展需求，按照"三区四线"③ 进行土地分区管制；土地利用规划则以《土地利用现状分类及含义》为依据，主要采用《市县乡级土地利用总体规划编制规程》中 3 大类、10 中类、29 小类，通过年度供地计划，按照"三界四区"④ 实施分区管制，从而形成不同的分类体系。

（四）审批监管上，手段不同

从实施手段看，国民经济和社会发展规划一般以建设项目计划或者年度政府工作报告的形式予以推进；城乡规划则以"一书三证"，即《建设项目选址意见书》《建设用地规划许可证》《建设工程规划许可证》《乡村建设规划许可证》，实施规划管理；土地利用规划则是通过对土地指标下达的年度计划、农

---

① 《城乡规划法》（2007 年）第 14 条规定，城市人民政府组织编制城市总体规划。直辖市的城市总体规划由直辖市人民政府报国务院审批。省、自治区人民政府所在地的城市以及国务院确定的城市的总体规划，由省、自治区人民政府审查同意后，报国务院审批。其他城市的总体规划，由城市人民政府报省、自治区人民政府审批。《土地管理法》（2004 年）第 17 条规定，各级人民政府应当依据国民经济和社会发展规划、国土整治和资源环境保护的要求、土地供给能力以及各项建设对土地的需求，组织编制土地利用总体规划。第 21 条规定，土地利用总体规划实行分级审批。《环境保护法》（2016 年）第 13 条规定，国务院环境保护主管部门会同有关部门，根据国民经济和社会发展规划编制国家环境保护规划，报国务院批准并公布实施。县级以上地方人民政府环境保护主管部门会同有关部门，根据国家环境保护的要求，编制本行政区域的环境保护规划，报同级人民政府批准并公布实施。

② 按照《测绘法》的相关规定，因城市规划、大型项目建设和科研需要在局部地区建立的相对独立的平面坐标系统，按规定需经国务院有关部委或省、市、自治区、直辖市人民政府批准，报国务院测绘行政主管部门备案，并与国家坐标系统相联系。

③ 即禁建区、限建区、适建区，绿线、蓝线、紫线、黄线。

④ 即城乡建设用地规模边界、扩展边界和禁建边界，允许建设区、有条件建设区、限制建设区和禁止建设区。

转用制度和用地预审等控制措施，实现土地资源的保护利用、合理开发和规范化管理。从检查保障看，国民经济和社会发展规划一般以地区生产总值等核心综合统计数据作为评判标准，通过政绩考核为保障，确保规划的落实；城乡规划主要通过遥感卫星进行督查，注重规划实施评价，推进规划有效实施；土地利用规划在遥感卫星监察的基础上，通过耕地保护责任制、计划指标使用等措施，确保土地规划编制目标的实现。

不难看出，上述"自成体系、互不衔接"的规划格局，在同一地块的空间上，势必导致各种规划的相互重叠、相互脱节，甚至相互冲突，致使基层管理部门难以有效操作，出现规划实施难、规划协调难、目标完成难等尴尬困境。着手规划体系的系统改革、推进"多规合一"试点改革势在必行。

二、规划融合的演变历程

外在环境的不断演化和内在需求的多重激励，推动我国的规划融合呈现出地方政府的诱致性制度变迁与国家部委支持的强制性制度变迁相结合的演变历程，总体历经"两规合一""三规合一""四规合一"以及"多规合一"等几个试点阶段。

（一）宏观层面的政策支持

为加强规划之间的相互融合，从 1990 年起，我国相继出台多个法律法规及相关支持性政策文件推动规划的融合发展（如表 4-2 所示）。早期的法律法规均强调国民经济和社会发展规划、城乡建设规划、土地利用规划的相互协调和衔接；2012 年以后，规划融合逐渐成为国家重点推进的主要工作，密集的支持性政策相继出台，"多规合一"被正式提出，规划试点得到大力推行。

表 4-2 "多规合一"相关支持性法规政策一览表

发布时间	主要文件	相关内容
1990.4.1	《城市规划法》	第七条：城市总体规划应当和国土利用规划、区域规划、江河流域规划、土地利用总体规划相协调。
1999.1.1	《土地管理法》	第二十二条：城市总体规划、村庄和集镇规划，应当与土地利用总体规划相衔接。
2008.1.1	《城乡规划法》	第五条：城市总体规划、镇总体规划以及乡规划和村庄规划的编制，应当依据国民经济和社会发展规划，并与土地利用总体规划相衔接。

发布时间	主要文件	相关内容
2013.11.12	《中共中央关于全面深化改革若干重大问题的决定》	第十四章：建立空间规划体系，划定生产、生活、生态空间开发管制界限，落实用途管制。
2014.3.16	《国家新型城镇化规划（2014—2020年）》	第十七章：加强各个规划间的相互衔接，推动有条件地区实施"多规合一"。
2014.4.30	《关于2014年深化经济体制改革重点任务意见》	第五条：推进经济社会发展规划、土地利用规划、城乡发展规划、生态环境保护规划等"多规合一"，开展市县空间规划改革试点。
2014.8.26	《关于开展市县"多规合一"试点工作的通知》	联合开展"多规合一"的试点工作，确定了28个"多规合一"试点市县，其中地级市6个、县级市（县）22个。
2016.3.5	2016年《政府工作报告》	增强城市规划的科学性、前瞻性、权威性、公开性，促进"多规合一"。
2017.3.5	2017年《政府工作报告》	扎实推进新型城镇化。促进"多规合一"，提升城市规划设计水平。

注：在李会忠等合著《总体规划视角下三规合一与多规合一的关系》一文相关内容的基础上加以归类整合和补充完善。

（二）地方试点的阶段探索

自《城市规划法》提出规划协调理念之后，我国逐步走上了各类规划相互融合探索的漫长道路。围绕国民经济和社会发展规划、城市总体规划、土地利用规划、环境规划及各类专项规划，在地方试点中，逐渐形成"两规合一""三规合一""四规合一"及"多规合一"等不同规划融合模式。其中，"两规合一"模式，即推进城市总体规划和土地利用规划的相互衔接，以上海、武汉等城市相继为试点。"三规合一"模式，旨在促进经济和社会发展规划、城市总体规划、土地利用规划的相互协调，以广州、河源、云浮等城市为试点。"四规合一"模式，即大力推动产业发展规划、城乡建设规划、土地利用规划和生态环保规划的相互衔接融合，以重庆、广东惠州等为试点。"多规合一"模式，即指在"三规合一""四规合一"的基础上，将各专项规划进行有效整合，以厦门等为试点。[①] 诚如个别学者（黄叶君，2012）所言，我国主要的空间规划大致经历了从"楚汉争霸"到"三国演义"再到当下"群雄逐鹿"的演

---

① 张佳佳、郭熙、赵小敏：《新常态下多规合一的探讨与展望》，《江西农业学报》，2015年第10期，第125~128页。

变格局，而"多规合一"则被赋予了"一统天下"的使命。[①]

表 4-3 规划融合发展的模式探索

时间	主持机构	融合模式	主要内容	试点城市	探索路径
2004	国家发展和改革委员会	"三规合一"	国民经济和社会发展规划、城市总体规划、土地利用规划的相互融合	广州	规划管控能力
				深圳、云浮、河源	编制机制创新
2008	上海市规划和国土资源管理局	"两规合一"	城市总体规划、土地利用规划的相互衔接	上海、武汉	体制机制改革
2014	国家发展和改革委员会、环境保护部联合	"四规合一"	国民经济和社会发展规划、城乡建设规划、土地利用规划及环境保护规划的相互融合	重庆、成都	统筹城乡发展综合配套改革
2014	国家发展和改革委员会、国土资源部、住房城乡建设部、环境保护部等	"多规合一"	以国民经济和社会发展规划为依据，城乡建设、土地利用、环境保护、综合交通、水资源、文化旅游、社会事业、文物保护等各类规划的衔接与融合	厦门、嘉兴	多规融合的审批制度改革

1."两规合一"初步探索

"多规合一"的试点最初源于对城乡建设规划和土地利用规划两规衔接的探索。适应国家经济社会发展需求形成的城乡建设规划和土地利用规划是我国空间规划的两大主要类型，二者分属于国家住建系统和国土系统，都拥有各自独立的规划体系和划分标准。众多规划矛盾和冲突焦点也主要集中于这两大规划领域。

20 世纪 90 年代，围绕第二轮土地利用规划，国内专家学者和规划人员对两规的协调和衔接进行了多角度的探讨。[②③] 同时，深圳等地也率先开始城市总体规划和土地利用规划的融合探索。[④] 进入 21 世纪以来，在城镇化和工业化快速推进背景下，土地资源日益紧缺，土地财政愈益显化，各类规划对于土地空间利用的冲突更为显著，城市土地扩张与耕地、生态环境保护间的统筹更

---

① 黄叶君：《体制改革与规划整合：对国内"三规合一"的观察与思考》，《现代城市研究》，2012 年第 2 期，第 10~14 页。

② 萧昌东：《"两规"关系探讨》，《城市规划汇刊》，1998 年第 1 期，第 29~33，65 页。

③ 陈常优、张本昀：《试论土地利用总体规划与城市总体规划的协调》，《地域研究与开发》，2006 年第 4 期，第 112~116 页。

④ 牛慧恩、陈宏军：《现实约束之下的"三规"协调发展——深圳的探索与实践》，《现代城市研究》，2012 年第 2 期，第 20~23 页。

加复杂。在土地指标普遍稀缺的重压下,上海、湖北、广东、浙江、重庆等省市自下而上、主动开展"多规融合"实践,在规划编制层面陆续推出"土规"与"城规"的"两规协调"试点,并向国家部委着力争取空间管理政策和权限。[①]

在试点实务上,2008年,上海政府机构改革,将原城市规划管理局和原房屋土地管理局中的土地管理职能进行整合,组建"规划和国土资源管理局",开展"两规合一"的试点工作,构建全市城乡建设用地的"一张图",并划定"三条控制线",对基本农田采用强控制模式。[②] 2009年,武汉市通过组建"国土资源和规划局",大力推进"两规合一"的专题研究及乡镇总体规划编制,使武汉市的城市建设规划和土地利用规划在空间布局上较好地实现了衔接。[③]"规土整合"一时成为全国规划管理和政府机构改革的热点。

2. "三规合一"试点阶段

2003年,广西钦州率先提出"三规合一"的规划编制理念:把国民经济和社会发展规划、城市总体规划、土地利用规划三大规划的编制进行协调和融合。这一做法得到国家发展和改革委员会的首肯和推广,2003年10月,国家发展和改革委员会发展规划司正式启动"三规合一"规划体制改革的试点,江苏苏州市、福建安溪县、广西钦州市、四川宜宾市、浙江宁波市、辽宁庄河市等六个城市成为规划体制改革的首批试点。随后,在国家大部制改革背景下,"三规合一"改革引起广东、成都等部分省市的极大重视,并陆续开展试点。

然而,由于改革的主旨试图将土地利用规划和城市总体规划作为专项规划纳入发展规划体系中,以期引导和约束各类发展行为。在当时规划和实施权相互分离的体制下,且在土地资源约束压力不大的背景下,难以获得不同层级的共识与支持,导致地方政府难以有效实施,预期改革成效甚微。[④⑤] 但地方政

---

① 朱春燕、丁琼:《"多规合一"中的治理转型思考》,《当代经济》,2016年第22期,第17~19页。

② 胡俊:《规划的变革与变革的规划——上海城市规划与土地利用规划"两规合一"的实践与思考》,《城市规划》,2010年第6期,第20~25页。

③ 肖昌东、方勇、喻建华:《武汉市乡镇总体规划"两规合一"的核心问题研究及实践》,《规划师》,2012年第11期,第85~90页。

④ 沈迟、许景权:《"多规合一"的目标体系与接口设计研究——从"三标脱节"到"三标衔接"的创新探索》,《规划师》,2015年第2期,第12~16,26页。

⑤ 朱春燕、丁琼:《"多规合一"中的治理转型思考》,《当代经济》,2016年第22期,第17~19页。

府在规划和建设实践中逐步意识到"三规合一"的重要性和迫切性，并在规划编制与管理改革、技术与机制协调上进行了卓有成效的实质探索。2008 年，广东河源市借助新一轮城市总体规划修编的契机，率先编制完成广东省首个以"三规合一"为标准的城市总体规划。2009 年，广州市在总体战略规划编制和实施中也体现了"三规合一"理念。2010 年，云浮市大刀阔斧推进机构改革，首创"规划、编制、平台三统一"的"三规融合"规划行政管理机制。甚至在浙江缙云、江苏苏州、江西南昌、海南海口等地的部分乡镇也自主开展镇一级的"三规合一"工作。①

伴随改革开放的不断深入和生态文明制度的逐步建立，国家日趋重视"三规合一"。2012 年 9 月，国务院副总理李克强在省部级领导干部推进新型城镇化研讨班座谈会讲话中提出：在市县层面，也要探索经济社会发展规划、城乡规划、土地规划"三规合一"，以便更好地把各方面工作统筹起来。② 2013 年12 月，中央城镇化工作会议上，习近平总书记强调：在县市通过探索经济社会发展、城乡、土地利用规划的"三规合一"或"多规合一"，形成一个市县一本规划、一张蓝图，持之以恒加以落实。③ 2014 年 1 月，住建部发出通知，要求县（市）探索经济社会发展、城乡、土地利用规划的"三规合一"或"多规合一"，以期全面推动城乡发展一体化。④ 国家领导及部门的高度重视为"多规合一"的改革探索奠定了顶层设计预案。

3. 纵深合一推进阶段

在"三规合一"的试点基础上，地方探索不断深入，呈现出"四规合一""五规合一"的纵深演化发展路径。

2009 年，重庆市发展和改革委员会在"三规合一"之后，着力推动"四规叠合"的综合实施方案试点，即在统筹经济社会发展规划、城市总体规划和土地利用规划的同时，将生态环境保护规划也一并纳入规划协调范畴，保障空间属性和开发强度要符合环境功能区划的要求。⑤ 2015 年 4 月，云南省政府下

---

① 蒋跃进：《我国"多规合一"的探索与实践》，《浙江经济》，2014 年第 21 期，第 44～47 页。

② 李克强：《协调推进城镇化是实现现代化的重大战略选择》，http://theory. people. com. cn/n/2012/1026/c40531-19403044-3. html。

③ 刘彦随、王介勇：《转型发展期"多规合一"理论认知与技术方法》，《地理科学进展》，2016 年第 5 期，第 529～536 页。

④ 《住房城乡建设部关于开展县（市）城乡总体规划暨"三规合一"试点工作的通知》，http://finance. china. com. cn/roll/20140214/2185475. shtml。

⑤ 蒋跃进：《我国"多规合一"的探索与实践》，《浙江经济》，2014 年第 21 期，第 44～47 页。

发《云南省人民政府关于科学开展"四规合一"试点工作的指导意见》，要求以国民经济和社会发展总体规划为引领，发挥城乡规划的基础综合作用，土地利用规划的规模控制作用，生态环境保护规划的基础约束作用，构建衔接一致的空间管控体系，形成各部门规划共同遵守的一张基准底图，实现城乡空间的统筹安排。① 同时，安徽省合肥市、广东省惠州市等相继出台"四规合一"工作方案，以期实现"一张规划蓝图"的空间编制。

在"四规合一"试点的影响下，部分城市根据地区经济社会发展的需要，积极推进"五规合一"的探索，继续深化规划的整合进程，助推"多规合一"的趋势性变革。2010年3月，重庆市沙坪坝区开始探索"五规叠合"的实施方案，推动经济社会发展规划、产业发展规划、城市总体规划、土地利用规划以及人口与环境保护规划在时间和空间上的协调融合，统一纳入全区经济社会发展大计。② 2010年8月，北京"十二五"规划要求人口规划、产业规划、空间规划、土地利用规划和城市文化遗产规划进行有效整合，实现"五规合一"。③ 2013年4月，山西省将国民经济和社会发展规划、城镇规划、国土规划、产业规划、环保规划的核心要素进行重组和整合，以期创新"五规合一"规划统筹协调机制。④

4. "多规合一"共推阶段

伴随规划整合试点的不断深入，"多规合一"的趋势变革日益显化，国家顶层指导和地方试点改革上下呼应，切实推进"多规合一"体制机制的日臻完善，加速推进规划体制的治理转型，提升规划管理能力。

2013年以后，"多规合一"再次进入国家推动期。2014年3月，《国家新型城镇化规划（2014—2020年）》明确提出加强规划间的相互衔接，鼓励有条件的地区推动经济和社会发展总体规划、城市总体规划、土地利用规划等实现"多规合一"。2014年4月，国务院《关于2014年深化经济体制改革重点任务的意见》将推动"多规合一"、开展市县空间规划改革试点作为当年的重点任

---

① 《云南省人民政府关于科学开展"四规合一"试点工作的指导意见》，http://www.yn.gov.cn/zwgk/zcwj/zxwj/201507/t20150728_142958.html。

② 《重庆市沙坪坝区"五规叠合"实施方案（正本）》，https://www.docin.com/p-299288643.html。

③ 连玉明：《北京"十二五"规划强化"五规合一"》，http://finance.sina.com.cn/roll/20100927/00023465028.shtml。

④ 《山西省城市规划"五规合一"试点工作部署启动》，http://www.gov.cn/gzdt/2013-11/14/content_2527264.htm。

务之一，以促进城乡经济社会一体化发展。2014 年 8 月，国家发展和改革委员会、国土资源部、环境保护部和住房城乡建设部等四部委联合下发《关于开展市县"多规合一"试点工作的通知》，在全国确定 28 个市县单位，启动了我国"多规合一"典型市县试点探索，力求在规划编制、实施管理、体制机制改革等多方面积累试点经验。① 2015 年 4 月，《中共中央　国务院关于加快推进生态文明建设的意见》再次强调要推动"多规合一"。

同时，地方试点如火如荼。2012 年，厦门市围绕《美丽厦门战略规划》编制，启动"多规合一"改革，着力提升城市治理体系和治理能力的现代化水平。广东增城区通过编制"空间发展总体规划"以及划定"三区三线"等举措，探索推进"多规合一"。② 2015 年 6 月起，海南试点"多规合一"改革，在全国率先开展省域生态红线划定、产业布局、基础设施布局、信息平台建设、行政审批改革等多个方面的"多规合一"试点工作，将主体功能区规划、生态保护红线规划、城镇体系规划、土地利用总体规划、林地保护利用规划以及海洋功能区划等 6 类规划，统合到《海南省总体规划（空间类 2015—2030)》，"一张蓝图"干到底。③ 浙江开化坚持"生态立县"发展战略，编制完成《开化县空间规划（2016—2030 年)》，科学划定"三区三线"，即城镇开发边界、永久基本农田红线和生态保护红线三条控制线，以及城镇、农业和生态三类空间，为全国"多规合一"的融合改革提供了极具参考意义的"开化模式"。

第二节　"多规合一"的实践探索

在"多规合一"探索的不同阶段，基于规划融合理论认知和改革目标的差异，呈现出多元化的探索模式，既有"两规""三规""四规""五规"到"多规"的时序渐变，也有规划职能的调整和规划体制的不断创新，更有治理体系的现代路径探索，取得了卓有成效的改革共识，也暴露出亟待深入解决的共性问题，为规划体系的革新积累了宝贵的实践支撑。

---

① 朱春燕、丁琼：《"多规合一"中的治理转型思考》，《当代经济》，2016 年第 22 期，第 17～19 页。

② 陈慧陆：《"多规合一"广东破局　"五位一体"规划先行》，《环境》，2015 年第 6 期，第 28～30 页。

③ 陈伟光、丁汀、黄晓慧：《海南深化省域多规合一改革：一张蓝图干到底》，《人民日报》，2018 年 1 月 11 日第 3 版。

一、"多规合一"试点探索的主要模式

在如火如荼的改革历程中，围绕规划体制改革和规划体系的重构，各地勇于探索，大胆创新，在操作层面、组织保障和试点成果等方面各具特色、亮点纷呈。

（一）广州模式：市区联动对接协调

2012年10月，广州全面启动"三规合一"试点工作。通过市区联动协调发展思路，统筹城乡空间发展格局，探索构建以国民经济和社会发展规划为依据，城乡建设规划和土地利用规划为支撑的空间管控体系。

操作层面。科学配置市区两级事权，通过"三上三下"的相互对接，推进多规协调的试点改革。第一阶段，即"一上一下"的"矛盾发现"时段，基本摸清全市"三规"差异，制定图斑差异或冲突处理措施。第二阶段，即"二上二下"的"应调尽调"时段，明晰可调建设用地的数量及规模，并形成"三规合一"的框架性文件。第三阶段，即"三上三下"的"合理布局"时段，在确定"三规合一"建设用地规模控制线及相关控制线边界的基础上，围绕确定的建设项目排序，科学布局建设用地。[1][2]

试点成果。建立统一的重点项目库，编制实施"三规合一"的技术规范，出台颁布《广州市区（县级市）"三规合一"规划编制技术指引》和《广州市"三规合一"规划成果数据标准（试行）》。[3] 划定建设用地规模控制线、建设用地增长边界、产业区块控制线、生态控制线和基本农田控制线的空间格局。完成"一张蓝图、一个技术标准、一个信息平台、一个协调机制、一个管理规定"的"五个一"成果。[4]

组织保障。市区分设领导小组和办公室，统筹联动推进"三规合一"。市级层面成立"三规合一"工作领导小组，同时建立工作领导小组会议制度，推

---

① 部分文献将之归结为"实事求是，发现矛盾""应调尽调，减少失误""注重实效，合理调入"三个阶段，但笔者认为第三阶段更多的是在控制范围内的合理布局阶段，"合理调入"尚不能充分说明此阶段的主要任务和工作成绩，故"合理布局"可能更贴切实际。

② 祁帆、邓红蒂、贾克敬等：《我国空间规划体系建设思考与展望》，《国土资源情报》，2017年第7期，第10~16页。

③ 祁帆、邓红蒂、贾克敬等：《我国空间规划体系建设思考与展望》，《国土资源情报》，2017年第7期，第10~16页。

④ 朱春燕、丁琼：《"多规合一"中的治理转型思考》，《当代经济》，2016年第22期，第17~19页。

进"三规合一"工作；各区参照市"三规合一"工作架构，分设区领导小组及办公室，由区发改、国土、规划三个部门的主要领导及相关技术骨干力量组成，建立"每周一报"、定期工作例会等制度，向市领导小组负责。[①]

最大亮点。在充分考虑既有主体规划的法律地位，以不突破现有法律框架为基础，通过规划差异比对形成的协调和衔接，一定程度上是相关工作协调机制的创新；也是现有规划体制下特大城市市区两级事权分配的实践探索，实现了多规融合过程中的部门联动和项目落地整合流程阳光审批的高效保障。[②]

（二）厦门模式：战略规划协同推进

2014 年，厦门市以"美丽厦门"战略规划为引领，开启"多规合一"的试点探索。围绕空间规划体系建设，以城乡建设规划为主导，整合经济社会发展规划、土地利用规划和环境保护规划等基础规划，协调林业、市政、水利、农业、海洋等部门规划，解决多规冲突矛盾，推进城市治理体系和治理能力现代化。

实践步骤。第一阶段，以《美丽厦门战略规划》为引领，提出城市五大发展目标和三大城市空间发展战略[③]，构建理想空间模式。第二阶段，加强规划整合，在同一空间上促进各部门规划的统筹协调，消除用地图斑差异，同时划定生态控制线和建设用地增长边界控制线，建构起统一的空间规划体系。第三阶段，规划落地的法定化阶段。各部门根据"一张图"结果按程序修改法定规划。[④]

试点成果。在摸清图斑差异的基础上，编制完成全市空间布局的发展蓝图，构建各审批部门网上并联协同审批的业务协同平台，形成"一份办事指南、一张申请表单、一套申报材料"的"一表式"审批表格，以及提供政策支撑，规范指引运行和项目生成的一套保障机制，即得到学术界和基层实践认可的"一张蓝图、一个平台、一张表、一套机制"的"四个一"改革体系。[⑤]

---

① 朱春燕、丁琼：《"多规合一"中的治理转型思考》，《当代经济》，2016 年第 22 期，第 17~19 页。

② 朱江、尹向东：《城市空间规划的"多规合一"与协调机制》，《时空探微》，2016 年第 4 期，第 58~61 页。

③ 厦门市五大发展目标：国际知名的花园城市、美丽中国的典范城市、两岸交流的窗口城市、闽南地区的中心城市和温馨包容的幸福城市。三大城市空间发展战略：大海湾、大山海、大花园。

④ 王唯山、魏立军：《厦门市"多规合一"实践的探索与思考》，《规划师》，2015 年第 2 期，第 46~51 页。

⑤ 《"多规合一"的厦门新标准》，《领导决策信息》，2015 年第 4 期，第 22~23 页。

组织保障。通过自上而下行政力量的大力推动。市委书记亲自领衔领导小组,组织协调各相关部门;各主要参与部门的领导组成领导小组办公室,各部门精干力量构成专责小组,各技术单位的技术力量组成高效的专业支撑团队,共同保障"多规合一"工作的推进效率。[①]

最大亮点。厦门的"多规合一"是一个系统性、整体性的体制改革,通过优化整合线上线下政务大厅,推进审批环节合并、简化审批手续、跨部门联合评审以及同级办理同级审批改革,实现审批流程再造和政府职能转变。在全国率先推动"多规合一"立法,制定了我国首部"多规合一"的地方性法规——《厦门市经济特区"多规合一"管理若干规定》,为"多规合一"地方改革确立了法定依据和可靠保障。[②]

(三)开化模式:规划整合一图到底

2014年8月,开化县成为全国"多规合一"28个试点市县之一,开始"多规合一"的积极探索,逐步形成"一张图规划、一盘棋管理"可复制推广的发展模式。[③]

发展历程。开化县早在2011年就成立了"县规划委员会",县长任主任,各部门主要领导为成员,下设办公室,为"多规合一"试点奠定良好的管理基础。2013年,开化在基础地理信息系统基础上,集成、整合各部门专题共享数据,为"多规合一"信息平台提供优秀的技术团队支撑。2014年,开化县被确定为全国"多规合一"的试点市县。2017年,编制完成《开化县空间规划(2016—2030年)》,整合土地利用、城乡建设、生态环境保护等各类空间性规划,并获得浙江省政府批准,成为全国首个获批的市县空间规划。

主要成果。构建起以《开化县空间总体规划(2016—2030年)》为成果载体,以统一规划体系、统一空间布局、统一技术标准、统一基础数据、统一信息平台、统一管理机制"六个统一"为要领,以"1+3+X"[④]为内容表现形

---

① 朱春燕、丁琼:《"多规合一"中的治理转型思考》,《当代经济》,2016年第22期,第17~19页。

② 张坦、胥辉:《"多规合一"绘就美丽蓝图——厦门市空间规划的借鉴与启示》,《资源导刊》,2018年第7期,第52~53页。

③ 王旭阳、黄征学:《他山之石:浙江开化空间规划的实践》,《城市发展研究》,2018年第3期,第26~31页。

④ "1+3+X":"1"即"一本规划(总规)"+"一张蓝图(总图)"的顶层规划,"3"即县域城乡、土地利用和环境保护功能区三大空间规划,"X"即各个分规划。

式的规划体系。①

保障机制。成立县规划协调委员会，由政府主要领导担任委员会主任；建立规划编制协调联动机制，编制或修编相应规划；构建规划实施互动反馈机制，对规划实施中遇到的主要问题，通过实施主体实时汇总上报至规划协调委员会。② 完善县规划委员会职能，负责规划立项管理、统筹协调、审议发布、监督实施及评估修订等工作。

最大亮点。率先突破技术壁垒，探索空间规划编制的技术路径，创新提出一套有利于规划实施的体制机制，形成"六个一"成果的"多规合一"开化模式和全国首个获批出台的市县空间规划，实现了多头规划向同一规划的转变，各自审批向同步审批的转变，为全国推进空间规划改革提供了示范效应。

（四）上海模式：规土合并统筹管控

上海模式开启了"两规合一"的体制机制创新，在机构合并的基础上，推进城乡建设规划和土地利用规划的融合，并在不断深入进程中，探索建立统一的规划标准体系、成果体系和管控机制。

探索历程。在2008年开始的探索推动期，组建上海市规划和国土资源管理局，全面开展市、区、镇三级"两规合一"探索工作，实现"两规"在规模、布局、边界等方面的"两图合一"，建立"三条控制线"的管控体系。在2014年以来的深化完善期，强化部门统筹和同步编制流程，率先开展"四线"划定工作，统一编制上海市城市总体规划和土地利用规划。③④

主要成果。一是形成统一规范的技术标准，即统一数据底版、统一用地分类、统一技术规程和统一信息平台的技术对接；二是建立统一衔接的空间规划格局和建设用地、生态空间、基本农田的总体布局；三是锚固市域基本生态网络，划定建设用地控制线、基本农田保护线和产业区块控制线，强化刚性管制；四是整合规划实施手段，通过土地整治、耕地占补平衡、城乡用地增减挂

① 李志启：《总书记点赞开化"多规合一"试点经验——浙江省发展规划研究院为开化县"多规合一"试点匠心绘蓝图》，《中国工程咨询》，2016年第7期，第10~14页。

② 李志启：《总书记点赞开化"多规合一"试点经验—浙江省发展规划研究院为开化县"多规合一"试点匠心绘蓝图》，《中国工程咨询》，2016年第7期，第10~14页。

③ 上海市"两规合一"试点初期建立的"三条控制线"主要指：规划建设用地控制线、产业区块控制线和基本农田控制线。深化完善期划定的"四线"是指：生态保护红线、永久基本农田保护红线、城市开发边界和文化保护控制线。

④ 史家明、范宇、胡国俊等：《基于"两规融合"的上海市国土空间"四线"管控体系研究》，《城市规划学刊》，2017年第7期，第31~41页。

钩等措施确保各项约束性指标的落实。

保障机制。在"两规合一"基础上，围绕新一轮城市总体规划和土地利用总体规划的编制，充分发挥规划和国土资源管理局的机构整合优势，会同市发展和改革委员会、市住建委和市交通委等相关部门，通过"一起研究、同步编制"的协调机制和组织架构、编制团队和审批流程的"三个统一"，优化市域空间格局，提高空间治理能力。[1]

最大亮点。在严格落实国家建设用地、基本农田、耕地保有量等约束性指标的背景下，率先推进政府机构改革，合并国土局和规划局，组建新的规划和国土资源管理局，促成城乡规划和土地利用总体规划的"两规合一"。同时，在"两规融合"的基础上，通过部门协调统一编制完成《上海市城市总体规划（2016—2040）》和《上海市土地利用总体规划（2016—2040）》，呈现出"多规合一"的发展趋势。[2]

（五）重庆模式：城乡统筹深化推进

重庆模式以全国统筹城乡综合配套改革试验为契机推进规划体系改革，推进城乡建设规划、土地利用规划、产业发展规划、生态环境保护规划的相互叠合，融合面向实施的经济和社会发展总体规划。

探索历程。重庆模式历经了"三规合一"→"四规叠合"→"五规合一"三个不同阶段的试点历程。一是 2007 年由重庆市规划管理部门主导推进的"三规合一"试点工作，以城乡建设规划为统筹核心，充分整合国民经济和社会发展规划、土地利用规划以及其他部门的各类专业规划；二是 2009 年由重庆市发改部门主导推进的"四规叠合"试点工作，将城乡建设规划、土地利用规划、产业发展规划、环境保护规划叠合，整合形成经济和社会发展总体规划；三是 2010 年由重庆市沙坪坝区颁布的"五规叠合"实施方案，综合推进经济和社会发展规划、城乡建设规划、土地利用规划、产业规划、人口和环境规划"五规合一"实践。

主要成果。在不改变现有经济和社会发展规划、城乡建设规划、土地利用规划、环境保护规划等体系编制方式和程序，按照"一级政府、一级规划、一级事权"实现规划的统一管理，统一行业标准，建立统一的技术平台，各个规

---

① 史家明、范宇、胡国俊等：《基于"两规融合"的上海市国土空间"四线"管控体系研究》，《城市规划学刊》，2017 年第 7 期，第 31~41 页。

② 熊健、范宇、宋煜：《关于上海构建"两规融合、多规合一"空间规划体系的思考》，《城市规划学刊》，2017 年第 3 期，第 28~37 页。

划在平台上细化本专业规划，探索总结出国民经济和社会发展"定向"，城乡建设规划"定性"，土地利用规划"定量"，生态环保规划"定质"的"多规合一"创新模式。[①]

保障机制。以重庆市发展和改革委员会为主导部门，成立全市"四规叠合"工作协调小组，采取"自上而下—自下而上—综合平衡—联合审批"的工作流程。市"四规叠合"工作协调小组下达各区主体功能定位和重要控制指标的具体数据，各区根据全市要求开展国土空间状况评价，形成上报方案初稿，协调小组根据各区上报方案进行综合平衡，最后各区"四规叠合"规划文本根据修改意见完善后，报市"四规叠合"工作协调小组联合审批。最终形成综合实施方案，用以指导五年的发展和建设。[②]

最大亮点。突破"大城市"与"大农村"的城乡二元格局，打破规划部门分割。创新性地将人口规划纳入规划叠合，注重经济布局与人口布局的协调，促进人口经济资源环境协调。通过城乡建设用地挂钩等方式，解决建设用地需求。同时，为统筹城乡的大部门制度改革奠定了基础。

（六）海南模式：省域全面改革典型

2015 年 6 月，中央全面深化改革领导小组（深改组）把海南列为省域"多规合一"改革试点。按照全省"一盘棋"思路，海南省全面探索空间规划体系重构，共同绘制全域"一张蓝图"；全力推进体制机制改革，探索极简审批，切实推动政府职能转变。

探索历程。2015 年，围绕中央深改组会议精神，统筹经济社会发展规划、城乡规划、土地利用规划等开展省域"多规合一"改革试点。2016 年 6 月，中央深改组第二十五次会议审议通过《关于海南省域"多规合一"改革试点情况的报告》。2017 年 6 月，海南成立全国唯一省级规划委员会，推进规划审批制度改革。2018 年着力推进行政审批制度改革，并联审批实现"一个窗口进、同一窗口出"。[③]

主要成果。实现空间规划体系的重构，将主体功能区规划、生态保护红线规划、城镇体系规划、土地利用规划、林地保护利用规划以及海洋功能区划等

---

① 吴晓琳：《重庆江津"多规合一"实践与思考》，《城乡规划》，2017 年第 20 期，第 27~29 页。

② 陈建先：《统筹城乡的大部门体制创新——从重庆"四规叠合"探索谈起》，《探索》，2009 年第 3 期，第 64~67 页。

③ 柳昌林、涂超华：《海南"多规合一"吹响全面深化改革号角》，http://www.xinhuanet.com/2018-04/29/c_1122763833.htm。

六类规划，统合到《海南省总体规划（空间类 2015—2030）》，共同编制完成美丽中国海南全域的"一张蓝图"，初步构建全省统一的空间规划信息综合管理平台，打造简政放权、放管结合、优化服务的"极简审批"政府职能改革服务机制。

保障机制。海南省通过成立"多规合一"工作领导小组，制定市县总体规划编制标准和审查规则，促进市县规划管理部门共同绘制全域"一张蓝图"。同步推进机构改革，成立全国唯一的省级规划委员会和市县规划委，集中发改、规划、国土、林业、环保、海洋等六大部门的规划管理职能，统筹协调推进"多规合一"改革，负责空间规划编制、修编、审查和督察。[①]

最大亮点。在省级规划委员会的指导下，综合统筹编制全域省级空间规划，绘就全岛"一张蓝图"，率先推行审批向制定规划、政策、标准、监管和高效优质服务转变，最终实现以新的空间总体规划成果替代各部门的法定规划，直接推动"放管服"改革，加速政府职能转变进程。

（七）贺州模式：多规联动统筹管理

广西贺州是国家四部委联合确定的首批 28 个市县"多规合一"改革试点中的 6 个地级市之一，通过同步协调的组织方式，同步推进市县区规划的"多规合一"，逐步形成西部欠发达地区"多规合一"试点探索的衔接联动协调模式。

探索历程。2014 年 8 月，贺州被确定为全国"多规合一"试点。2017 年 6 月，《贺州市空间规划（2016—2030 年）》获得广西壮族自治区人民政府批复。积极调整完善"一张图"，制定生态红线管控细则，完善"天地图·数字贺州"平台建设，全面推进在线并联审批及政府规章制度的制定。

主要成果。编制出台统筹全局、统领多规的《贺州市发展总体规划（2016—2030 年）》，形成多规联动编制模式、空间性规划协同落地目标模式、"多规合一"接口设计模式、"以产定地"空间发展模式、"规模刚性、布局弹性"空间管控模式、城市开发"白地"管理模式，以及统一高效的行政审批平台（"六模式一平台"）等试点经验。[②] 探索形成"1＋3＋X"为主的地方规划

---

① 李荣：《从"多规合一"到"空间规划体系"构建》，《城市规划》，2018 年第 4 期，第 15～16 页。

② 童政、周骁骏：《广西推进"多规合一"试点》，《经济日报》，2017 年 1 月 18 日第 11 版。

体系。^①

保障机制。市委书记、市长担任组长，各有关单位主要领导为成员，试点工作领导小组下设办公室（市多规办），下辖五个县区的领导小组同时成立。市发展和改革委员会主任担任多规办主任，统一指挥、统一协调，统筹推进"多规合一"试点工作。在规划编制环节，推行"多规同步编制模式"；在规划管理环节，探索"多规联动管理模式"，并逐步构建起规划定期评估、各类规划联动调整、统一平台联动实施等协调机制。^②同时，成功建立"多规合一"目标责任考核体系和部门专项考评机制。

最大亮点。多规联动同步编制和实施的试点模式，成为贺州模式的最大创新，实现了规划试点过程的合一、规划编制的合一、规划结果的合一和规划管理实施的联动，积累了可复制推广的试点经验。

小结：

上述"多规合一"的不同试点在推进规划体制改革的进程中亮点纷呈。一是发展理念大胆创新，强化战略谋划的统领功能。厦门市以"美丽厦门"战略规划为引领，全面推进"多规合一"试点整合；重庆市围绕统筹城乡综合配套改革试验的大格局，推进规划体系改革。二是加强组织队伍建设，增强规划编制的协调能力。上海以国土部门和规划部门整合形成的"国土规划管理局"专业机构牵头推进"两规合一"编制工作；广州、厦门、贺州等城市以市委市政府主要领导为组长成立"多规合一"工作领导小组，强力推进"多规合一"的整合协调工作。三是创新规划体系架构，突出空间规划的引领功能。从上海的"两规合一"、广州的"三规合一"乃至重庆的"四规合一"到厦门、开化和海南等地的"多规合一"，从控制线划定的角度，构建了以"一张蓝图"为基础的空间规划，强化了以"蓝图"为载体的统筹引领功能和空间管控能力。四是编制规划技术标准，助推多规衔接联动功能。从上海"统一规范的技术标准"、广州的"一个技术标准"、重庆的"统一行业标准"到开化的"统一技术标准"和海南的统一规划管理平台，都强调了"一个标准"下的规划衔接、整合联动，促进"多规融合"试点的有效实施。

---

① "1+3+X"的规划服务模式："1"就是促进"十三五"规划和多规合一的融合，形成一个贺州市经济社会发展的总体规划，统领城乡规划、土地利用规划、环境保护规划以及交通、林业、水利等多个规划；"3"指城市总体规划、土地规划和环境保护规划；"X"指林业、交通、水利、电力等规划。

② 许景权、沈迟：《欠发达地区"多规合一"实践的探索与反思——以贺州市为例》，《环境保护》，2016年第17期，第63~67页。

二、"多规合一"试点取得的主要共识

在大胆创新的基础上,"多规合一"试点改革围绕规划整合和体系建设,在理念创新、规划对接、机构改革和空间管制等方面形成诸多共识,为"多规合一"改革的系统发展积累了宝贵的实践经验。

(一)坚持生态优先的发展理念

各试点区域围绕生态环境问题,深入贯彻习近平总书记"绿水青山就是金山银山"的"绿色治理"观,以区域主体功能为载体,科学划定永久基本农田红线、生态保护红线和城市开发边界线"三条控制线",合理确定农业空间、城镇空间和生态空间,保持生产、生活、生态"三生空间"的均衡,积极构建"山水林田湖生命共同体",突出生态红线的约束功能和底线保障功能,生态红线是生产、生活一切活动的基础和前提。如浙江省嘉兴市在试点进程中,注重将生态安全、粮食安全和环境安全等在"多规合一"中给予优先考虑。[①] 广州市全面对接功能片区土地规划,将市域内的水库、湿地、水源保护区、自然保护区和森林公园等重要生态用地,及其周边控制区域划定为保护性生态控制线,践行生态文明理念。[②]

(二)强化"一张蓝图"的协调对接

高精度的规划底图是"多规合一"的主要表现形式。"一张蓝图"既是多规融合的目标,也是空间范围划定、空间信息对接及空间管控实施的重要依据。因此,在各试点区域,规划底图的整合已成为"多规合一"的基础性工程。各地在部门合并组建的新机构、新成立的规划编制委员会或者跨部门的协调机构组织下,重点加强对城市总体规划和土地利用规划两大规划图斑的冲突衔接,协调各职能相关部门,统筹划定各类红线管控边界;同时,围绕重大项目的布局安排,强化底图的对接、拼合和"一张蓝图"的构建,挖掘存量释放沉淀土地。如,广州市在"三规合一"编制进程中,组织相关部门协调城乡规划、土地利用规划建设用地差异图斑总计达 29.4 万块,所涉面积 935.8 平方

① 黄征学、王继源:《统筹推进县市"多规合一"规划的建议》,《国土资源情报》,2017 年第 5 期,第 24~30 页。

② 蒋跃进:《我国"多规合一"的探索与实践》,《浙江经济》,2014 年第 21 期,第 44~47 页。

公里。① 四川绵竹市通过"多规合一"的协调，解决城区图斑叠加冲突地块2800 余处，面积近 8 平方公里。②

（三）加快行政体制的创新改革

无论是从规划编制的前端组织，还是规划编制的过程协调，以及信息平台的对接整合，乃至行政机构的重组变革，均在试点实践中力图革除原有规划管理体制的弊端，加速推进行政体制机制的革新，以期实现思想认识上的"合一"、编研团队技术力量的"合一"、纵向和横向沟通的对接"合一"以及"放管服"改革推进下规划部门机构的"合一"。各试点区域均成立以主要领导为核心的领导小组，在工作机制、编制程序、编制体例和成果形式等方面做出明晰、统一、规范的体制创新，尤其通过信息平台的对接和空间规划信息综合管理平台的统一建构，如"天地图·数字贺州"、开化部门专题数据的整合共享等打破了传统规划体系下信息不对称、信息封闭形成的孤岛现象。同时，在统一空间规划信息平台载体的支撑下，实现了行政审批制度的改革，厦门的审批流程再造、贺州的"六模式一平台"、海南的"极简审批"、浙江开化的"同步审批"等均拉响了行政管理体制的改革号角。上海、武汉相关机构的整合和海南规划委员会等的创设为规划部门的合并改革和职能合并下的大部制机构改革开创了先例。

（四）加速规划体系的重构进程

各地"多规合一"试点探索，不同程度地实现了规划的重新整合和规划体系的重构现象。在厦门和重庆都以城市总体规划为主导，推进整合经济社会发展规划、土地利用规划和环境保护规划，以期建立统一的空间规划体系。开化和海南则以空间规划蓝本为载体逐步建立起涵盖城乡、土地、环保乃至主体功能区相融合的大一统规划体系。贺州和 2009 年后的重庆在充分融合的基础上形成以经济和社会发展规划为总体规划，统领 3 大主体规划和各专项规划。尽管各地"多规合一"试点基于不同主导单位的差异，形成了不同的整合载体，但规划体系的重构进程已是不可阻挡的历史潮流。不可否认，规划整合的方向存在差异，出现以国民经济和社会发展规划、城乡建设规划两大规划博弈下的

---

① 蒋跃进：《我国"多规合一"的探索与实践》，《浙江经济》，2014 年第 21 期，第 44～47 页。

② 徐万刚、杨健：《四川"多规合一"试点的探索与思考》，《决策咨询》，2016 年第 6 期，第70～73 页。

模式之争，甚或另起炉灶构建的空间规划体系，在相当程度上都表明规划体系的重构和完善仍然十分艰巨，同时也为规划体制改革、规划事权调整、规划部门整合和空间规划体系建构等提供了足够的修缮空间。

三、"多规合一"试点暴露的主要问题

"多规合一"试点以非法定规划的形式，对调和经济和社会发展规划、城乡建设规划、土地利用规划和环境保护规划等主体规划矛盾做出了有益的探索，对释放规划冲突导致的"沉淀"发展空间，提高项目审批效率，提升政府治理能力，改善政务服务环境等起到了良好的促进作用。[①] 但不同部门主导的各类试点"花色各异"，逐步暴露出原有规划体系存在的诸多缺陷和面临的客观问题。

（一）技术层面：数据标准难融合

长期以来，我国四大传统主体规划自成体系，有着自身相对成熟的规划体例和技术方法，在"多规合一"的试点中，基础信息不充足、基础数据不统一、技术标准不一致等技术层面的矛盾尤为突出。

1. 基础信息不充足

基础数据的部分缺失和信息数据的不完善已成为影响乃至制约试点区域空间开发科学评价的重要因素。尤其在乡镇一级的约束性指标中，大气环境、水环境和土壤侵蚀等相关资料先天不足，导致空间开发的评价难以正常开展；基本农田保护数据也尚在不断完善之中，标识码、要素代码、保护块编号、基本农田图斑编号等缺乏，也直接影响永久性基本农田空间红线的划定；部分生态红线图和遥感影像图均存在一定的误差，导致数据无法正常使用，从而影响空间负面开发清单编制。同时，空间管控部分也存在坐标不准确、内容不完整等情况，如旅游度假区总体规划中矢量文件缺失、湿地资源第二次全国土地调查数据不齐全等现象都在不同程度上钳制了"多规合一"的整合发展进程。[②]

2. 基础数据不统一

基于各类规划体系的差别，各部门基础数据采集所采用的空间坐标系、数

---

① 沈迟、许景权：《"多规合一"的目标体系与接口设计研究——从"三标脱节"到"三标衔接"的创新探索》，《规划师》，2015 年第 2 期，第 12～16、26 页。

② 吴晓琳：《重庆江津"多规合一"实践与思考》，《城乡规划》，2017 年第 20 期，第 27～29 页。

据统计口径、界定标准等均存在较大差异。土地利用规划以调查数据为基础，精度和现实性不足；城乡规划以城镇地籍数据为基础，数据的广度不够；经济社会发展规划以经济社会统计数据为基础，致使基础数据较难在短期内实现统一平台下的共享交互。[①] 尤其是人口数据和建设用地数据统计口径和方法的差异，容易导致基础数据出入较大，数据的可比性较差。[②] 例如，浙江开化县由于退耕还林以及国土和林业部门统计上的交叉，实际拥有的永久基本农田已明显低于 2030 年的目标数，势必影响永久基本农田红线的科学划定及规划落地的有效实施。[③] 在宁夏回族自治区则出现各类用地数据加总超出宁夏土地总面积（约 1.6 万平方千米）的尴尬局面。[④]

3. 技术标准不一致

在"多规合一"规划编制进程中，由于各试点主管部门自身属性的差异，在空间规划的技术标准和规划路径上鲜有创新，基本烙有原规划体系的痕迹。不同部门坐标体系和制图体系的差异，易造成制图精度、坐标尺度等出现偏差，致使不同规划中用地规模存在差异，出现地理信息不统一的乱象，"一张底图"较难实现有效叠合。同时，空间规划中土地分类的不同划分也为空间落地管控增设了障碍，"优化、重点、限制及禁止开发"的四类主体功能分区，与土地利用规划的"允许建设区、有条件建设区、限制建设区和禁止建设区"，以及城乡建设规划的"已建区、适建区、限建区和禁建区"，乃至环境规划的"居住环境维护区、环境安全保障区、生态功能保育区、产业环境优化区"之间均存在如何衔接的问题。[⑤] 例如，防护绿地和公园绿地在土地利用规划中被划为林地，而在城市规划中则将防护绿地计入建设用地，从而导致土地属性、

---

① 刘彦随、王介勇：《转型发展期"多规合一"理论认知与技术方法》，《地理科学进展》，2016年第 5 期，第 529~536 页。

② 注：就土地数据采集而言，国土利用遥感和实地核查获取土地资料及土地利用变更调查的更新成果；而城乡规划则是利用地形图、地籍图、遥感影像，结合实地调查获取相关数据。对于人口数据计算而言，国土规划以城市户籍人口为准；而城乡规划则在户籍人口基础上还包括没有当地户籍但长期在本地居住及工作的外来人口。由此推算，土规的人口规模和规划预测都要远小于城乡规划测算，因而预测的城市用地规模也远小于城乡规划之预测（参见黄征学、王继源：《统筹推进县市"多规合一"规划的建议》，《国土资源情报》，2017 年第 5 期，第 24~30 页）。

③ 王旭阳、黄征学：《他山之石：浙江开化空间规划的实践》，《城市发展研究》，2018 年第 3 期，第 26~31 页。

④ 王旭阳、肖金成：《市县"多规合一"存在的问题与解决路径》，《经济研究参考》，2017 年第 71 期，第 5~9 页。

⑤ 陈雯、闫东升、孙伟：《市县"多规合一"与改革创新：问题、挑战与路径关键》，《规划师》，2015 年第 2 期，第 17~21 页。

用地边界和空间落地的冲突难以有效避免。

(二) 编制层面：文本编制难协调

基于各类规划文本要素的编制要求差异，在"多规合一"试点规划的编制进程中存在"依据各异、多头脱节、期限不一、空间不定、协调不畅"等规划编制问题。

1. 规划编制依据各异

尽管各试点市、区、县都在努力构建一个"合一"的规划蓝本，但基于试点牵头负责单位体系的不同，规划编制依据各异，"龙头规划"之争的"合一"博弈仍较突出。由发改部门牵头的试点规划，主张在经济社会发展规划的蓝本上，把国土和城乡规划进行整合；由国土资源部门牵头的试点规划坚持以国土规划为蓝本推进"多规合一"的试点；由住建部门负责的"多规合一"规划成果则更多地体现出城乡建设规划的特色。从而形成了三种不同体例、不同技术标准、不同表现形式的多元化试点方案，从而出现"花色各异"的试点乱象，距规划体系融合发展的改革初衷，最终实现真正意义上"一本规划、一张蓝图"可复制推广的改革目标，尚有较大差距。[1]

2. 规划指标多头脱节

就我国传统规划体系而言，已基本形成"发改管目标、国土管指标、住建管坐标"的规划指标格局，但从 GDP、人口数量、用地规模等关键指标看，普遍存在"多头制定、指标脱节"的体系缺陷。在沿袭传统规划体例基础上形成的"多规合一"版本，仍然存在指标多头脱节的现象，难以起到应有的指导性和约束性。经济社会发展规划的五年规划中缺少指标的中长期预测，且多由约束性与预期性两种指标组成，难以对城乡规划、土地利用规划和环境保护规划等提供统一充分的规划依据，造成"无据可依"的尴尬局面。而城乡建设规划、土地利用规划和环境保护规划的相关指标（尤其在人口和土地指标方面）涉及不同的技术路线，导致各项指标的预测手段和方法各异，致使出现"有据难依"的发展困境。[2] 同时，从规划指标的弹性和刚性看，经济社会发展规划

---

① 徐万刚、杨健：《四川"多规合一"试点的探索与思考》，《决策咨询》，2016 年第 6 期，第 70～73 页。

② 申贵仓、王晓、胡秋红：《承载力先导的"多规合一"指标体系思路探索》，《环境保护》，2016 年第 15 期，第 59～64 页。

较为灵活且富有弹性，但刚性相对不足；土地利用规划指标的刚性最强，自上而下的计划做法不利于推动地方的发展；城乡规划建设用地布局刚性较强，但弹性应对能力较差。因而，指标体系不同的弹性和程度，也加剧了整个规划体系的脱节程度。[①]

3. 规划期限长短不一

众所周知，原有规划体系下各类规划的期限互不协调，经济和社会发展规划与生态环境保护规划一般为 5 年，土地利用规划和城乡建设规划为长期规划（期限一般为 10～20 年），且二者规划期限也并非完全对应。因此，规划基期的不协调和起点数据的千差万别，导致规划发展现状、空间格局、用地规模、生态环保等分析与预测等冲突在所难免，难以实现充分对接和高度吻合，从而出现多地试点空间规划期限的差异，一般规划至 2020 年，其制定的短期经济和社会发展目标与土地利用规划和城乡规划至 2030 年乃至 2035 年长期目标、重点任务节点等衔接难以协调，无法实现对中期、长期空间规划的科学指导。

4. 空间划分尚不稳定

2014 年"多规合一"试点以来，空间划分标准逐渐从"生产、生活、生态"的"三生"空间向"城镇、农业、生态"的"三区"空间和"生态保护、永久基本农田、城镇开发边界"的"三条红线"转变，简称"三区三线"，划分标准在试点中不断摸索改进，强化了与土地利用规划、城乡建设规划和环境保护规划空间的对接。但是，基于历史积弊的影响，"三区三线划分"在理论上和实践上仍较粗略，尚无法完全消除现行空间性规划之间业已存在的图斑冲突，生态保护红线和永久基本农田红线也在不少试点地区存在交叉，如浙江开化县耕地和林地的交叉重叠面积就高达 2.21 万亩。因此，在空间划分尚待逐步推进的不确定性发展阶段，空间管控边界难以实现到边到界的详细划定，距离空间边界明确到具体地块并预留合理弹性的目标也有相当大的差距，从而影响总体规划空间管控内容的全面落实，难以实现总体规划底图和空间范围的精准对接，也加大了实施管控的难度，无疑会大大降低空间规划的约束效力和指导功能。[②]

---

① 沈迟、许景权：《"多规合一"的目标体系与接口设计研究——从"三标脱节"到"三标衔接"的创新探索》，《规划师》，2015 年第 2 期，第 12～16、26 页。
② 徐万刚、杨健：《四川"多规合一"试点的探索与思考》，《决策咨询》，2016 年第 6 期，第 70～73 页。

5. 规划协调推进不畅

尽管各试点规划中都不同程度地涉及规划间的衔接，但在具体编制和实施中，仍然存在大量的衔接困难。从综合协调角度看，市（区）县政府虽然能够较好地组织协调本级部门和乡镇，但与省市国土、城建、环保等部门间的对接协调能力仍然有限，亟须省市相关部门给予大力的支持和指导。从规划内容衔接看，法律基础、技术标准、规划审批与实施上的差异，使得"多规合一"在融合衔接上存在先天性的缺陷和不足。从试点规划体例和逻辑看，将刚性的空间管控性规划与富有弹性的总体发展性规划融合在一起也形成较大的编制挑战。[1]

（三）实施层面：落地举措难整合

"多规合一"试点的推进对空间规划体系的重构提供了有益的探索，但是囿于原有规划体系的割裂，在空间管控、项目审批及监管评估等实施层面尚无实质性进展，缺乏系统性探索、有效的整合和强有力的推进，改革落地实效甚微。

1. 管控实施有困难

尽管在"多规合一"的改革中形成了不少的共识，也形成了相对协调的规划文本，但"多规合一"试点的落地实施却举步维艰。在法律层面上，既缺乏相应的法律法规支撑，又没有惩戒和处罚违反者的强制性规定，同时缺乏对应的规划审批层级，属于非法定的规划，甚至可能成为法定规划背后的"影子规划"，在统领其他规划中存在法定障碍。在部门对接实施上，因各个部门事权相互分割形成的利益格局都想保护好自己的"一亩三分地"，甚至通过博弈等手段插手其他部门领域，致使规划实施仍然存在"冲突打架"的困境，难以彻底贯彻执行。在管控主体上，缺乏管理主体和实施主体；尽管重庆、上海等地强化了部门职能的整合，但在机构编制职能上，实难找到与"多规合一"相匹配的专业执行机构。在实施效率上，基于不同级别部门推进的试点层级差异，试点规划实施的效率明显取决于部门的控制权力。就四川而言，以省住建厅领衔的省级试点明显弱于其他的省内国家级试点的认可度，在对接落地实施上也

---

① 徐万刚、杨健：《四川"多规合一"试点的探索与思考》，《决策咨询》，2016年第6期，第70~73页。

备受质疑。[①]

2. 审批程序不一致

"多规合一"的融合发展，理应加速规划审批制度改革，提升政府行政效率；但是，"多规合一"空间治理的变革主要集中在总体规划的方案编制阶段，原有规划成果体系和审批体系依然存在，"规划由谁说了算"的现实问题仍然突出。[②] 这导致项目审批程序繁杂、互为牵制、过程复杂、耗时耗力、行政效率低下，难以实现不同类型规划之间和上下位规划之间的协调，无法快速适应市场经济管理的需要，进而影响政府治理能力建设。尽管在浙江和深圳等地试点中强化了审批后台的融合，但相关部门的协调手段仍然有限，缺乏统一的刚性制度约束，降低了规划的编制效率，也难以实现改革的真正实效。

3. 监测评估不健全

基于既无相关法定依据，又无主管执行部门的试点制度的设计缺陷，"多规合一"规划后评估机制严重缺失。从监测评估主体看，"谁来考核、如何考核"均无明确规定，实际落地中并无相关主管部门被直接赋权对规划中各项相关指标进行评估和考核，致使该项职能基本无法有效履行。从监测内容看，试点地区"多规合一"规划的年度监测、中期评估、动态维护及执行反馈等机制均无强制性规定和相关法律依据保障。从监测数据系统建设看，"多规合一"试点加强了空间地理信息系统的整合，推进了政务服务系统的融合，带动了营商环境制度建设，但在"多规合一"空间地理信息数据平台上，很难见到相关系统必需的监测模块、评估模块或维护反馈模块等后评估信息组成部分。对于一个无法有效监督的规划，其执行力和公信力可想而知。

第三节 "多规合一"的困难与挑战

基于诸多因素的制约，"多规合一"的试点改革面临极大的困难和挑战，宏观层面上既受制于传统规划体制的约束，也面临传统法律法规的非难和空间

---

① 徐万刚、杨健：《四川"多规合一"试点的探索与思考》，《决策咨询》，2016 年第 6 期，第 70~73 页。

② 熊健、范宇、金岚：《从"两规合一"到"多规合一"——上海城乡空间治理方式改革与创新》，《城市规划》，2017 年第 8 期，第 29~37 页。

规划法缺失的尴尬；中观层面上，部门的利益博弈"暗流涌动"甚或"明目张胆"，钳制了试点的整合进程；在微观层面上，既受制于编制主体规划理念的滞后影响，也受限于编制人才的稀缺，拖累了规划的现代化发展步伐。

一、体制的掣肘

众所周知，基于不同历史时期发展的需要，我国形成了众多不同部门、不同类型、不同层级的规划。据不完全统计，经法律授权编制的各类规划至少在80种以上[①]，基本形成一个系统一类规划、一个部门一种规划、一级政府一级规划的庞杂系统。从现代治理的角度看，囿于特定历史条件下的法律授权和职能需求的不同，各类规划的法律依据、标准体系、主要内容、统计口径、技术路线、编制期限、审批监管、保障实施等均存在局部的差异和冲突，彼此独立自成体系，但又交叉重叠互为依存（见表4-2），矛盾集中体现在空间规划的划分和管控上。

在法定、统一、权威的空间规划体系尚未真正形成的背景下，仅仅依靠试点部门的联动或者领导者号召的威权，"多规合一"的"规划愿景"必受其限，规划"冲突"乃至"打架"现象仍将并存，势必影响空间利用效率和政府的执行效能。因此，目前"多规合一"的试点探索，更多停留于技术上的协调和整合，短期缓解效应明显，但源于体系混乱带来的深层次问题尚需时日。

（一）掣肘的主要载体

长期以来，我国各类规划部门均享有不同法律法规的赋权和对土地管理的行政权力，在建设许可、用途变更和强度控制上有一定的独立审批权限；但出于部门职权或规划体系的影响，出现部分行政权力选择性地空间边界模糊或主动扩权的现象。

1. 发展改革规划

发展改革部门主要编制国民经济和社会发展规划，是全国或某一地区经济、社会发展的总体纲要，拥有最高的法定地位和宏观管理职能，具有战略指导意义。"十三五"以来，发展改革系统以主体功能区规划为基础，通过城镇、农业和生态空间的三类划分，促进了发展战略规划各领域具体任务、重点项

---

①. 张叶笑、冯广京：《基于时空锥理论的"多规冲突"和"多规合一"机理研究》，《中国土地科学》，2017年第5期，第3~11页。

目、重大工程和空间布局及空间管控的有机结合。但是，基于空间体系划分理念、划分方法和管控措施较为宏观，可操作性较低，缺乏长远战略考虑，实难对其他空间规划作出指导性和约束性的作用，导致其他规划衔接困难。

2. 国土资源规划

国土资源部门规划以《土地管理法》为依据，是对一定时期内国土资源开发、利用、整治和保护所进行的综合性战略部署和重大建设活动综合空间布局的计划。国土空间规划更多地偏重于土地指标的宏观调控、空间红线的调整和土地用途管制，但基于其自上而下的指令性调控思路，不能真实地反映地方的实际需求。[1] 同时，对建设用地内部调控和建设行为管控的缺失，也限制了规划的设计初衷和执行效率。[2]

3. 住房建设规划

住房建设部门编制的城乡规划是根据一定时期城市经济和社会发展目标，对城市发展、空间布局和各项工程建设的综合部署，是城市建设、运营、管理的重要依据。城乡规划有着相对立体的空间表达形式，具有"两证一书"的用地管理优势，但在多规试点（如浙江、广州、厦门）中呈现出的城市战略发展规划，难以充分实现城乡规划与土地利用规划的有效衔接，也忽略了经济社会发展的空间需求。[3]

4. 环境保护规划

环境保护部门制定的生态环境保护规划是对一定时期内环境保护目标和措施在空间上的具体安排，通过指令性的环保要求，实现经济建设和环境保护的协调发展。诚然，生态环境保护规划对生态空间的识别和红线的划定具有权威性，但囿于格局的限制，仅仅局限在生态保护空间的识别和管控方面，依然停留在"我行我素"的传统规划时代，难以有效顾及其他空间规划的发展需求和管控协调，统筹协调和通道对接尚未真正起步。

---

① 林坚、陈诗弘、许超诣等：《空间规划的博弈分析》，《城市规划学刊》，2015 年第 1 期，第 10～14 页。

② 张永波：《空间规划体系建设背景下的规划设计机构发展策略》，《规划师》，2015 年第 S1 期，第 9～12 页。

③ 林坚、陈诗弘、许超诣等：《空间规划的博弈分析》，《城市规划学刊》，2015 年第 1 期，第 10～14 页。

(二)掣肘的主要表现

基于规划体制的掣肘，各级各类空间规划职能赋权和执行管理越位、错位、缺位现象突出，为"多规合一"试点的融合发展和落地实施制造了不小的困难。

1. 空间体系较为混乱

从空间规划体系的角度看，我国空间规划纵横交织，在同一片国土上，既有国、省、市、县、镇（乡）五级纵向规划，也有各层级发改、国土、住建、环保、林业等不同部门的横向系列规划。基于各类体系兼容性较差和部门职能的"条块"分割，甚至"争权夺位"，导致各级各类规划越编越多、越编越乱、越编越空，相互牵制又相互冲突，"一地多帽"现象突出，致使愈益稀有的空间资源利用低下。因此，在既无法定授权，又无部门职权职责的"多规合一"试点中，不同部门推进的规划协调、规划对接、规划整合的难度可想而知，制定统一、权威、法定的顶层空间规划逐步成为各地试点的共同呼声。

2. 职权划分不清不楚

从规划的职能定位看，发改部门规划（即经济和社会发展规划）确定经济社会的发展目标，国土资源部门规划（即土地利用总体规划）确定土地利用指标，住建部门规划（即城乡建设总体规划）负责确定土地的坐标。从属性上讲，经济和社会发展规划、城乡建设总体规划是开发导向型发展规划，有突破土地指标的天然动力；而土地利用总体规划和生态环境保护规划则是以保护耕地、基本农田和自然环境为目的的约束型控制规划，重在抑制过热的发展冲动，保持经济社会的可持续发展和高质量发展。由于各类规划体系的差异和不同的利益价值取向，不同规划主体极力争夺空间管控的主导权，导致各级各类规划权能越位、错位、缺位现象突出。尤其在"多规合一"的试点推进中，不同部门规划权能的让渡有限，在"路径依赖"的体制机制下，改革的融合难度大，统筹空间小；同时，各部门规划自上而下的强纵向控制特征，也限制了"多规合一"的整合容量，更难以实现对规划权能的整合或者推进规划职权的重新划分。

3. 实施管理交叉冲突

长期以来形成的发改、国土、住建、环保部门规划体系割裂，致使规划职能出现"条块"分割的既成事实，在各级规划部门享有分配或控制土地行政权力的制度设计下，在国土空间的开发类型、开发强度和时序设置上各为其主，空间规划不可避免地出现"多头管理"现象，空间管控内容重叠、交叉冲突、"碎片化"严重，导致基层规划实施无所适从。从各地"多规合一"的试点情况看，规划编制上的"合一"尚可进行理论上的探索；但及至规划实施阶段，在执法依据、执行主体和执行赋权缺失的背景下，"多规合一"实施效果中试点设计的短板效应愈益明显，管控逻辑矛盾突出，交叉"打架"依然存在，实难真正保障"多规合一"空间规划的有效落地。

二、利益的博弈

基于不同规划体系和不同层级部门之间事权的争夺、利益的纷争和价值认知的偏差，揭示了我国空间规划传统制度的设计缺陷，从制度根源的角度钳制了"多规合一"试点的整合进程。

（一）规划编制的争夺

伴随经济社会的不断变化和部门事权的扩张，由规划属性衍生出的规划模式差异和"龙头"规划的争夺日渐突出，集中体现在规划编制地位上的"自我强化"和"以我为主"的繁杂形态之中。

1. 规划模式下的争夺

规划属性的差异延伸出规划模式的差异，以经济和社会发展规划、城乡建设规划为代表的发展规划衍生出空间发展规划模式，重在确立开发空间范围，设定开发类型、强度和时序；而以土地利用规划和生态环境保护规划为代表的空间控制规划模式则限制空间开发范围，设定保护类型、等级和年限。因此，这种规划属性上的差异和冲突，导致空间分区的繁杂性，同一国土空间单元在不同规划模式下呈现出"一女多嫁"的乱象。[①] 同时，在"多规合一"试点进程中，生产、生活、生态"三生"空间和"三区三线"的探索改进，也凸显了空间划分预期的不确定性和不稳定性，加剧了空间政策、空间管控的肆意争夺。

---

① 孟鹏、冯广京、吴大放等：《"多规冲突"根源与"多规融合"原则——基于"土地利用冲突与'多规融合'研讨会"的思考》，《中国土地科学》，2015年第8期，第3~9，72页。

2. 事权不清下的争夺

在规划事权分立并不断扩张的影响下,各类规划编制的综合性、全局性意识不断增强,规划部门争坐"龙头""壮心不已"。从规划地位来看,经济和社会发展规划以宪法为据,要求其他规划与己对接,并逐步形成以主体功能区为载体的空间规划体系;伴随城市化进程的快速推进和城市经济重要性的不断加强,城乡建设规划一直处于持续扩张态势,从传统的城镇规划为主向全域管控转变,在城市发展战略、城市空间格局、资源要素配置等方面的话语权不断扩大;土地利用规划从早期耕地保护为主向经济发展和生态建设协调统一转变,对建设用地的管控不断加强,严把土地"闸门"使得土地利用规划地位愈益凸显;随着环保意识的不断增强,生态环境保护规划的重要性日益突出,"红线"管控力度越来越大,对保护性国土空间划定的刚性约束力显著强化。[1][2]

为争夺话语权,各类空间性规划"以我为主"的趋势愈演愈烈。[3] 在"多规合一"的试点进程中,发改、国土、住建和环保系统均不同程度地领衔地方试点,以期获得新一轮规划改革的主导地位;但是,基于"无法、无权、无人"的机制困境,各部门对相关主导部门的试点配合多为盲目观望、不积极,甚至不作为,出现"剃头挑子一头热"的非合作尴尬处境。

(二)部门利益的纷争

空间规划"派系林立"的行政管理体制,导致部门利益分割严重,对空间资源的权属争夺愈演愈烈,增长指标竞争、空间事权竞争日盛,"多规合一"试点的利益协调和融通难度较大。

1. 部门利益的分割

计划经济时期沿袭而成的部门分割和条块管理,催生了不同的利益单元和博弈形式。尽管在不同时期,进行了一系列的改革,但利益阻隔的深层次矛盾并未有效解决。基于部门管理权利诉求和利益最大化的驱使,在自成体系的法

---

① 朱江、尹向东:《城市空间规划的"多规合一"与协调机制》,《时空探微》,2016 年第 4 期,第 58~61 页。

② 许景权、沈迟、胡天新等:《构建我国空间规划体系的总体思路和主要任务》,《规划师》,2017 年第 2 期,第 5~11 页。

③ 黄勇、周世锋、王琳等:《用主体功能区规划统领各类空间性规划——推进"多规合一"可供选择的解决方案》,《全球化》,2018 年第 4 期,第 75~88 页。

律法规支撑下，通过部门规划体系不同的规划宗旨、编制技术标准、审批执行程序等表现形式，形塑了部门规划之间内容重叠、空间交叉、管控牵制、难于沟通的客观现象[①]，从而形成城乡规划"一书三证管建设"、土地利用总体规划"三线两界保资源"、主体功能区规划"政策区划管协调"、生态功能区划"功能分区保本底"的多元化利益取向。[②]

2. 部门协调的割裂

在空间规划分治状态下，各部门均难有效主动放权，放权则放弃了部门职能存在的合理性和合法性，因此不同规划部门设置较高的合作壁垒，以满足单一部门自身存在的理性需求。职能的条块分割也固化了部门自上而下的强"纵向"垂直管理体系，地方为保障规划的顺利审批，仅能在各部门规划框架体系之下进行，从而形成严重的"路径依赖"。[③] 同时，规划审批权限的差异也加大了规划协调的难度，如县一级的城乡建设总体规划，市政府就可以批，但土地利用总体规划则必须要省政府批准，并报国土资源部报备。这种自上而下的指标分解模式和自下而上的增长需求之间的矛盾也加大了规划协调的难度和成本。在执行层面，不同执法依据、空间归属、管控要求等造成的"独自管辖权"也加大了规划之间的融合难度。

因此，各地"多规合一"试点，在无明确新机构管理授权的背景下，"多规合一"的阶段性特征明显，难以满足主体规划的长期管理需要，规划实施和事权的争夺依然激励。尤其在涉及部门核心利益时，相关试点规划本质上已成为"主导权"之争，无疑增加了规划统筹协调和深度融合的难度，规划实施可操作性降低，综合效益难以充分体现，难免落入"纸上画画，墙上挂挂"的俗套。

（三）价值取向的差异

价值取向是引领规划编制的准则和追求方向。基于中央与地方、横向部门之间价值取向的差异形成的博弈和冲突，是影响"多规合一"融合难点的关键

① 刘彦随、王介勇：《转型发展期"多规合一"理论认知与技术方法》，《地理科学进展》，2016年第5期，第529~536页。
② 林坚、陈诗弘、许超诣等：《空间规划的博弈分析》，《城市规划学刊》，2015年第1期，第10~14页。
③ 林坚、陈诗弘、许超诣等：《空间规划的博弈分析》，《城市规划学刊》，2015年第1期，第10~14页。

因素,也是推进试点制度优化调整的重心所在。

1. 中央与地方的价值博弈

从制度溯源看,基于不同的利益和价值取向,中央政府和地方政府在规划的设置上各有侧重。中央政府更多从宏观层面、国家利益和超前意识角度强化规划的导向功能、协调功能和约束功能;而地方政府在 GDP 考核标准的导引下,区域竞赛的"赶超"欲望一定程度上异化了国家层面的规划愿景,"重总量轻质量、重速度轻效率、重城市轻农村、重发展轻环保"等现象普遍存在,催生出一大批"贪大求全""挟规自重""缺乏个性"的地方利益驱使型部门规划。① 因此,在"多规合一"试点推进的历程中,既出现了地方部门"跃跃欲试"的规划权力争夺,又出现了"事不关己高高挂起"的非合作博弈局面,给"多规合一"的规划整合发展制造了不小的制度成本。

2. 规划间横向的价值冲突

诚如上述分析指出,基于规划类别、规划属性、规划模式、规划权属等的差异,导致不同体系、不同部门之间规划产生较为明显的价值冲突。各级规划部门以自身的职责权属、主要任务为出发点,将自身规划体系的优化目标作为同一时空中制定各自规划的价值选项,在时空上表现为各自规划的目标、原则、理念上就已出现了不相协调的局面,从而在原始认知点上就出现了分歧。② 这也就引致规划空间属性的认知、空间类别的划分、空间管控的操作、空间弹性的协调等存在较大的差异,"交叉难对接、冲突难融合"现象则成为不同价值观下的必然产物。

在"多规合一"的价值取向中,中央期望加强国土空间的统一管控,切实保障经济、社会、生态等综合效用的最大化。地方政府出于政绩的考核需求,往往更偏重于经济利益的最大化,在规划操作中尽可能地扩大城镇建设用地空间,压缩农业空间和生态空间,从而偏离中央政府的宏观愿景。在各地"多规合一"试点进程中,价值取向差异集中体现为不同职能部门之间的非合作博弈,亟待从价值认知上和编制理念上给予修正,制定共同遵守的编制准则,通过部门权利的让渡和整合,制定各方认可的"一张蓝图",实现综合利益最大

---

① 孟鹏、冯广京、吴大放等:《"多规冲突"根源与"多规融合"原则——基于"土地利用冲突与'多规融合'研讨会"的思考》,《中国土地科学》,2015年第8期,第3~9,72页。
② 张叶笑、冯广京:《基于时空锥理论的"多规冲突"和"多规合一"机理研究》,《中国土地科学》,2017年第5期,第3~11页。

化的博弈均衡。

三、法规的困境

法律法规是规划的渊源和重要依据，是规划执行的重要保障。"多规合一"的试点既面临原有法律法规体系的羁绊，也面临自身无法可依的困境，法律体系的冲突和试点法律的缺失对多规融合的深入推进形成了极大的障碍。

（一）传统法律的冲突

1．法律体系的不兼容

我国四大主要规划均有相应的法律依据，属于法定授权的规划，享有合法的编制依据、专属的组织机构、有效的管制事权和固定的审批程序。经济和社会发展规划依《宪法》授权进行编制，土地利用总体规划依《土地管理法》进行编制，城乡建设总体规划依据《城乡规划法》进行编制，生态环境保护规划依据《环境保护法》进行编制，编制法定特征明显。从法律层级而言，其决定了规划的非兼容性。因为《宪法》乃国家根本大法，其授权编制的经济和社会发展规划理应属于上位规划，但空间规划及其推崇的主体功能区规划由于技术的非全面性及落地上的局限性，难以对其他规划起到应有的引导作用。而《城乡规划法》《土地管理法》《环境保护法》属于平行的基本法律，在规划的界定上彼此之间并无从属的法定义务，与经济和社会发展规划的"对接"也因体系的差异乃至部门利益的博弈而无法实现体系的有效兼容。

2．法律执行上的误差

尽管发改部门制定的经济和社会发展规划具有上位规划的法定地位，但是在执行过程中，因地方政府执行的层级差异和部门规划体系的纵向约束程序，导致规划间在对接融合进程中矛盾激化，出现地方人民代表大会审议规划权力与专门规划依据法之间的效力之争，甚至出现在重要关键环节谁服从谁的尖锐问题，容易造成执行部门和责任主体人员无所适从的尴尬。

（二）试点法规的缺失

从试点的角度看，各地"多规合一"的融合编制确是一项全新的探索，也取得了一定的成效。但是，伴随改革的纵深推进，法律缺失的屏障亟待突破。

一是"多规合一"试点的依据仅仅停留在政府颁布的相关条例和指导文件

上，缺乏明确的法律支撑，难以保障"多规合一"改革的合法性、实施的稳定性和试点的成效性。二是对空间管控的试点探索而言，我国也尚无空间统一管控的法律法规体系，甚至连关联性的政府性文件也极为罕见，虽然为该领域的探索提供了极大的空间，但也对空间试点的合法性、规范性和执行性等造成了极大的怀疑。三是试点制度保障中，法律法规体系的建立如何实现与综合规划、专项规划、发展规划，尤其是与四大主体规划法律法规的对接、协调、突破乃至融合，形成一套层次分明、功能清晰、全面完整的空间规划法律体系，尚无规律可行；在基层试点中，只能停留在初步探索的呼吁层面，从国家立法体系的建立健全而言，尚有很长的路要走。

"多规合一"是在仅有国家相关部门实施意见许可下的试点探索，既要面临原有法律体系下形成的固有羁绊，又要面对规划融合试点无法保障的发展困境。因此，"多规合一"试点的顺利进行，既需要试点地区的探索敢于打破传统旧有法律法规体系的禁锢，又需要有敢于破旧立新的勇气，为新的空间规划法和法律法规调整积累丰富的经验储备。

四、人才的困境

规划人才是"多规合一"试点顺利实施的重要保障。在各地试点的进程中，暴露出地方规划人才严重不足、人才结构不合理、开发性人才稀缺等困境，制约了试点整合的探索深度和发展进程。

(一) 基层人才的不足

"多规合一"试点对规划人才的素质要求较高，既要熟悉规划知识结构，又要通识社会科学研究，并具备较强的系统整合能力。在基层试点中，符合试点规划的人才十分匮乏，极大地制约了改革试点的推进。

1. 人才队伍整体发展不足

基层规划队伍总量明显不足，高层次人才匮乏、结构不合理。以广西贺州为例，其建筑规划设计人才总量仅占总人口比重的 0.14% 左右，正高级职称仅占规划队伍的 0.38%，高级技师为零；人才结构主要集中在建筑规划设计领域，其勘察设计咨询业、城建规划设计类人才分别仅占 3.42% 和 7.31%，大多集中在市级行政管理单位或市级层面的专业机构；同时，人才断层现象严重，很多专业管理机构、科室基本没有相关专业技术人员，甚至在诸多规划机构连保资质的人才基本条件要求都难以有效满足。①

2. 规划人员知识结构的缺陷

从学科背景看，现有规划人员队伍大部分由具有工科城市规划和农学背景的土地利用规划人员所组成，后来具有理科背景的资源环境规划人员也参与其中，整体而言，知识结构较为单一且体例体系自成系统，同时其单向思维能力难以胜任"多规合一"试点所要求的对规划体系整合、法律框架体系建设、体制机制改革、经济发展影响、资源支撑和环境约束等多方面的深度把握，缺乏系统综合整合能力。因此，难以有效应对规划试点中出现的各种复杂问题和多元利益主体的协调问题，试点成果的科学性、系统性、融合性和可行性则必大打折扣。

（二）新型人才的稀缺

伴随规划空间理论的不断发展和政府"放管服"领域改革的不断深入，"多规合一"试点对熟悉现代空间规划手段或平台建设的新型人才极为稀缺，影响"多规合一"编制的前瞻性和引领性功能。

1. 空间处理人才稀缺

"多规合一"试点的矛盾焦点主要集中于空间规划的清晰界定方面，急需培育一批能准确掌握空间资源调查监测、空间规划数据库建设以及各级各类空间性规划和基础地理信息、项目审批信息、空间用途信息等进行整合的专门性人才，同时能有效建立空间数据共享、统计评估共用、审批流程协同、监督管理同步、决策咨询一体的空间规划信息平台的专门性人才则更为稀缺，难以实现对"多规合一"试点规划的科学编制和准确把握。②

2. 信息平台人才短缺

尽管我国已经在信息化建设领域培养了不少的人才，但是在空间信息平台建设、大数据背景下各类规划整合平台、基础地理信息数据库、云计算中心、"互联网＋"政务服务等关联性综合人才出现短缺，尤其是以"多规合一"为

---

① 麦茂生：《"多规合一"模式下建筑规划设计人才建设路径——以广西贺州市为例》，《贺州学院学报》，2016年第4期，第125～128页。

② 邢文秀、刘大海、刘伟峰等：《重构空间规划体系：基本理念、总体构想与保障措施》，《海洋开发与管理》，2018年第11期，第3～9页。

牵头的营商环境改革和诱致性制度变迁建成的综合信息服务平台、现代智慧城市建设所需的大型智能化信息交换平台等专项人才极度稀缺。因此，没有此类人才的大力培育和引进，期望通过在"多规合一"试点改革成就基础上的建设综合性、便捷型、智能型等大型服务体系则难以获得必要的智力支撑。

人才的保障绝非一日之功。在"多规合一"试点编制进程中虽然可以利用行政能力尽可能地整合各行业的专业人才集中攻关，但原有体制的制约依然会阻碍规划试点的改革进程。从长远的角度看，规划理念的转变、规划法律体系的建立、规划信息平台的建立、规划融合的实施等都得依赖于人才的保障，国家应在试点改革的同时，加快规划专业技术人才和综合性顶层设计人才的培养。

五、理念的滞后

理念是决定行动的指南。在"多规合一"试点之前，传统的规划理念已滞后于时代的发展需求，不利于经济社会的可持续发展。

首先，受 GDP 政绩考核和土地财政的思维影响，规划之间的大局意识和底线思维能力缺失，一些地方规划过多地关注于城乡建设规划、土地利用规划，对资源环境承载力考虑不足，过分追求城市规模和土地利用指标，造成土地资源的粗放式利用和无序性开发，环境破坏严重，造成空间资源的错配和低效利用。[①]

其次，受部门狭隘利益的蒙蔽，部门规划为有效维护自身部门的既得利益，较难统筹各方关切，导致"人本规划"和"公众参与"意识薄弱。一些规划更多地体现部门意志，很难符合群众生产生活的实际需要，无法真正引领经济社会发展和方便群众生活，只能沦为"纸上画画，墙上挂挂"的时代宿命。

再次，受落后观念的影响，一些部门规划超前意识不够，难以适应现代化快速发展的节奏和需求，城市基础设施建设不能配套跟进，发展与传统之间的矛盾突出。尤其是规划空间的划定上缺乏灵活性和弹性，极易引发各种矛盾；并且在"一届领导一届规划"的潜规则下，规划的延续性难以一以贯之，规划的代际性传递受阻，从而影响规划的权威性。[②]

---

① 王晓、张璇、胡秋红等：《"多规合一"的空间管治分区体系构建》，《中国环境管理》，2016 年第 3 期，第 21～24，64 页。

② 孟鹏、冯广京、吴大放等：《"多规冲突"根源与"多规融合"原则——基于"土地利用冲突与'多规融合'研讨会"的思考》，《中国土地科学》，2015 年第 8 期，第 3～9，72 页。

从地方试点来看，"多规合一"的试点规划要力求破除落后的规划理念，从现阶段的图层处理初步阶段逐步向生态文明建设和空间规划改革的发展阶段转变，综合考虑资源环境承载能力、现有开发密度和发展潜力，切实推动规划改革，促进地方经济社会的健康发展。

小结：

面对"多规合一"试点改革的困难和挑战，既需要试点改革者的大胆勇气和创新豪气，也需要促进制度体系的革故鼎新。从国家宏观层面而言，应当从顶层的角度充分赋予"多规合一"合法的规划依据和整合推进的法定权利；从部门的博弈而言，应当通过部门的改革，打破部门的狭隘利益观，整合部门的规划职能和权责，有效破除部门之间的利益掣肘；从人才的供给保障层面，应当在着力培养专业规划人才的基础上，加大"多规合一"综合性、前瞻性、大局性规划人才的引进；同时，摈弃传统规划理念，加大逆向规划思维或底线思维运用，增强"人本规划"理念或可持续发展理论的指导力，释放改革红利，带动地方经济社会的良性发展。

第四节　国际经验的借鉴

我国空间规划体系编制起步较晚，日本、德国、荷兰和美国等发达国家的空间规划体系较为成熟且各有特点，对我国"多规合一"试点的统筹协调和空间规划的理念创新及体系构建具有重要的示范效应和借鉴意义。

一、日本模式

日本是亚洲最早开展空间规划的国家，空间规划体系完备。以经济社会可持续发展为核心，涵盖空间战略、产业发展、交通建设、资源开发、环境保护、文化发展、国土管理和分区政策等诸个方面，综合性规划特征明显。[1]

从发展历程看，早在20世纪40年代就通过"国土规划编制纲要"和"复兴国土规划纲要"。1950年制定颁布了《国土综合开发法》，立足国土自然条件，从经济、社会、文化等角度，实现对国土资源的综合利用，奠定了日本国土空间开发的基础。1962年制定出台《第一次全国综合开发规划》，1978年制

---

① 蔡玉梅：《不一样的底色不一样的美——部分国家国土空间规划体系特征》，《资源导刊》，2014年第4期，第48~49页。

定实施《国土开发综合规划法》，并陆续5次出台国土综合开发规划。① 进入21世纪，为适应新的历史发展潮流，日本进行大部制改革，强调地方自治与广域地区的合作，并于2005年颁布《国家空间规划法》，取代了1950年的《国土综合开发法》。2008年，日本内阁通过首次国家空间规划，2015年开始编制第二次国家空间规划。②

从规划体系看，日本空间规划体系纵向主要分为国家、区域、都道府县和市町村四级。国家层面由国土交通省国土规划局负责制定全国的《国土形成规划》和《国土利用规划》，并听取国土审议会、都道府县知事和公众的意见进行修改，最终由内阁会议决定；区域层面的广域地方规划由国土交通省国土规划局广域地方规划协议会在全国国土规划的指导下，负责制定广域地区的地方规划和国土利用基本规划。③ 地方规划部门和各领域主管部门负责都道府县和市町村的规划管理，须向国土交通大臣报告。④

从法律依据看，日本空间规划主要来源于《国土形成规划法》《国土利用计划法》《城市规划法》等相关规定；因此，其空间规划体系同时具有国土空间规划、土地利用规划和城市规划"三规"并存的综合特征，总体表现为典型的网络型空间规划体系。⑤ 在行政辖区内明确城市区、农业区、森林区、自然公园区和自然保护区5类基本功能区，并提出不同功能区域的管制要求。⑥

从变化特点看，日本空间规划在目标和内容上，逐步从重视大规模的项目开发向科学发展、提升品质、提升活力转变。在简化规划层级的同时，下放行政权力，注重提升地方的自主权和规划活力，编制主体从原来以中央政府为主导向中央和地方合作为主的格局转变。加强规划法律关系的协调，提升规划的综合性和统一性。⑦

总之，在日本经济历经复苏、高速增长和稳定增长等不同发展阶段进程

---

① 张丽君：《典型国家国土规划基本经验》，《国土资源情报》，2011年第8期，第2～10页。
② 黄宏源、袁涛、周伟：《日本空间规划法的变化与借鉴》，《资源导刊》，2018年第1期，第30～32页。
③ 张丽君：《典型国家国土规划基本经验》，《国土资源情报》，2011年第8期，第2～10页。
④ 张书海、王小羽：《空间规划职能组织与权责分配——日本、英国、荷兰的经验借鉴》，http://kns.cnki.net/kcms/detail/11.5583.TU.20190528.1418.002.html。
⑤ 蔡玉梅、高平：《发达国家空间规划体系类型及启示》，《中国土地》，2013年第2期，第60～61页。
⑥ 张永波：《空间规划体系建设背景下的规划设计机构发展策略》，《规划师》，2015年第S1期，第9～12页。
⑦ 黄宏源、袁涛、周伟：《日本空间规划法的变化与借鉴》，《资源导刊》，2018年第1期，第30～32页。

中，日本国土空间规划逐渐从国土资源"利用、开发、保护"转变为"利用、整治、保护"，通过可持续国土、弹性或韧性国土、美丽国土等清晰界定，为建设安全富裕国家、提升经济活力、强化国际作用等提供了良好的基础和前提，为亚洲等其他类似地区的空间规划体系建设提供了一定的对标价值。

二、德国模式

德国空间规划体系被称为国际空间规划体系的典范[1]，有着先进的规划理念，具有垂直连贯体系，实施效果较好，备受世界各国的青睐。

从规划理念看，提出"增长与创新、保障公共服务以及保护资源、塑造文化景观"三大空间规划理念，重点关注区域发展不平衡问题，旨在通过区域协调和跨区域合作，提升国家发展潜力以及欧洲城市和地区间的竞争力；顺应人口变化流向，提供基础设施和公共服务支持；改善居住环境需求，保护开敞空间以及文化景观，最终实现人口分布、经济布局与资源环境的均衡发展。[2]

从规划体系看，德国空间规划可分为联邦、州、大区和市镇4个层级规划，主要由城市、交通、土地和环境等专业领域的规划构成。[3][4] 联邦政府主要提出空间发展原则和空间规划总体框架，作为各州编制空间规划的基本依据。各州或区依托严格的空间规划或区域规划法由规划局负责编纂，同时明晰规划编制主体、审批主体、规划方法等相关程序。市镇等地方政府由地区规划委员会负责编制土地利用规划和城市建筑指导性规划。整体而言，上位规划指导性强，下位规划控制性较强，重点在州（区）一级，越到基层，内容越具体，约束性越强。

从法律依据看，德国各行政层级都有自己较为严格的空间规划区域规划法。根据德国《宪法》，联邦以及各州（区）的《空间规划法》和《空间规划条例》（包括各州自行制定的相关法律）等为联邦和州（区）的空间规划提供

① 蔡玉梅：《不一样的底色不一样的美——部分国家国土空间规划体系特征》，《资源导刊》，2014年第4期，第48~49页。
② 谢敏、张丽君：《德国空间规划理念解析》，《国土资源情报》，2011年第7期，第9~12，36页。
③ 锡林花：《德国空间规划的借鉴意义》，《北方经济》，2008年第2期，第56~57页。
④ 部分学者，如张丽君（2011）、孙莹炜（2015）等将州、大区合并成一个层级，因此规划层级也就变为3个（分别参见张丽君：《典型国家国土规划基本经验》，《国土资源情报》，2011年第8期，第2~10页。孙莹炜：《德国首都区域协同治理及对京津冀的启示》，《经济研究参考》，2015年第31期，第62~70页）。

法律依据。[①] 市镇等地方规划（如土地利用规划、建设规划等）的法律依据则为更专业、更为具体的《建设法典》《建设利用条例》《州建设利用条例》。

从规划特性看，德国空间规划体系对区域治理具有突出的表现。一是规划内容上注重空间的整体性、协调性和可持续性，州（区）及市镇地方政府在制定规划时，务必要保证与毗邻地区相关规划的沟通和协调，避免出现空间分割或冲突的现象。二是在规划编制和实施进程中，强调区域发展中各层级、各方面力量的协调与整合。三是充分发挥社会公众、专业人士参与意识，提升规划的认知度，既保障了规划充足的信息来源，也有利于增强规划的实施效率。四是各层级规划都有相应层级的法律依据，为规划的编制和执行提供了权威的可靠保障。

不难看出，德国空间规划体系强调人口经济社会发展与空间布局和环境保护并重的协调发展观，注重资源整合和广泛的社会参与度，规划体系层级分明，法律依据权威可靠，越到基层，操作性、约束性越强，实施效率越高，为我国空间规划的编制实施提供了较好的参考意义。

三、荷兰模式

荷兰国土面积仅有 4.19 万平方公里，其中农地占 60%、水域占 18%、建成区占 12%，但却是全球第二大农产品出口国、欧洲农业强国。在快速实现城市化的进程中，仍然保有优美的自然环境和生态空间，其空间规划形成完整的规划体系，有着近乎完美的实施效果，享有很高的国际声誉。[②]

从发展历程看，荷兰空间规划始于第二次世界大战以后的城市重建，演变历经三个发展阶段。一是雏形发展阶段（1941—1965 年），成立重建与公共住房部国家规划局，编制《空间规划法》并生效实施。二是垂直层级阶段（1965—2008 年），中央政府编制第 2 至第 5 次国家空间政策，实现从城市建设为主向竞争力、活力、安全和保护为目标国家规划战略的转变。三是平行层级阶段（2008—），编制出台新《空间规划法》，规划部门调整为基础设施与环境部，以适应欧盟一体化、全球经济竞争和气候变化等新形势，简化程序、明

---

① 蔡玉梅、高平：《发达国家空间规划体系类型及启示》，《中国土地》，2013 年第 2 期，第 60～61 页。

② 蔡玉梅、高延利、张丽佳：《荷兰空间规划体系的演变及启示》，《资源导刊》，2017 年第 9 期，第 33～35 页。

确职责，激发地方活力。[①]

从规划理念看，荷兰在不同的发展阶段，提出了诸多重要空间概念，如"绿心""全球门户""新增长极/新城""组团式分散""新城式分散""分散式集中""紧凑城市""网络城市""兰斯塔德"和"芬尼克斯住房计划"等新的规划理念，对部门规划和下位空间规划起到了较好的引导作用，为全球规划理论的突破性发展贡献了经典模式。[②] 同时，在规划中，荷兰也非常重视发展边界与保护边界的控制，设置划定了"红线"和"绿线"，实现了开发与保护的协调、平衡。因此，荷兰也被称为"规划之国"，充分保障了国土安全和空间资源的高效利用。[③]

从规划体系看，荷兰空间规划体系主要由国、省、市三个层级构成。国家层级的空间规划主要解决国家空间战略等核心问题，位列各部委规划之上，由国家议会批准实施；省级层面空间规划本质上是区域战略规划，包括区域空间布局、水务管理、环境保护和历史遗产保护等内容；市级是唯一具有编制法定土地利用规划的层级，其空间规划主要编制结构性规划和土地利用规划，涵盖不同土地利用分配方案和使用方案，对地方开发建设活动具有绝对的约束力。同时，以"兰斯塔德地区"为试点，荷兰加强了跨省区域规划协作，促进相邻市镇在区域性结构规划和经济发展政策方面进行统筹协调，编制区域空间规划。从规划类别看，国家和省级编制的结构远景规划，属于战略性非法定规划；但荷兰空间规划法仍强调下级规划必须顺应上级规划提出的主要规划理念和战略。市级规划有法律效力，空间规划的约束力由地方政府自己决定，并成为土地用途管制的依据。[④⑤]

从沟通协调看，荷兰拥有相对完善的协调机制。在机构设置上，专门设立内阁国土规划和环境委员会，以及荷兰国家空间规划委员会。内阁国土规划和环境委员会主要对国家空间规划委员会提出的国家空间规划政策文件和建议进

---

① 蔡玉梅、高延利、张丽佳：《荷兰空间规划体系的演变及启示》，《资源导刊》，2017 年第 9 期，第 33～35 页。

② 周静、胡天新、顾永涛：《荷兰国家空间规划体系的构建及横纵协调机制》，《规划师》，2017 年第 2 期，第 35～41 页。

③ 周静、胡天新、顾永涛：《荷兰国家空间规划体系的构建及横纵协调机制》，《规划师》，2017 年第 2 期，第 35～41 页。

④ 张书海、冯长春、刘长青：《荷兰空间规划体系及其新动向》，《国际城市规划》，2014 年第 5 期，第 89～94 页。

⑤ 周静、胡天新、顾永涛：《荷兰国家空间规划体系的构建及横纵协调机制》，《规划师》，2017 年第 2 期，第 35～41 页。

行协商和评议,并将提议递交国会进行表决;国家空间规划委员会主要制定国家空间规划,协调各部门利益,并监督空间规划的实施。从纵横关系看,采取"分散式统一"模式,国家级空间规划和政策编制会邀请省、市级政府参与,省级空间规划的编制会咨询市级政府;每个层级法定、非法定的主要规划文件都要经过上级政府的审查或审批。地方空间规划涵盖面广,综合性较强,各部门政策都应服从和服务于空间规划政策的相关规定。① 建立规划编制程序和公众参与机制,并设立监察员制度,确保规划编制实施公众的广泛参与。同时,设置了搁置与仲裁制度,一般采用搁置争议的处理方式,在省、市难以协调的情况下,可从政府内部磋商机制升级为司法制裁,保障规划的执行效率。② 因此,有学者赞誉荷兰规划体系是一个以地方土地利用规划为核心,以协商制度为基础,具有自上而下的特征,实际上却相对均衡的系统。③

从发展趋势看,荷兰新《环境和规划法》将于 2021 年生效,意味着其空间规划将同时实现多法合一、多规合一、多证合一的"大一统"时代。机构设置上,基础设施和水管理部负责国家层面规划,省级政府空间规划委员会负责省级环境愿景编制,市级环境愿景和规划由地方政府规划部门编制。④ 权力配置上,呈现出逐渐分权的特征,中央政府不再拥有对下级规划的审批权,但保留了部分干预权,通过"介入性用地规划"新模式,可对特定地区直接编制整合规划。⑤ 因此,荷兰未来的空间发展战略更加强调空间规划的整合以及与交通、水务、自然环境、文化遗产等多部门规划内容的协调,合并规划和管理条例,向"一级政府一本规划管理蓝本"转变。⑥

荷兰空间规划模式既顺应了历史的发展进程,也引导着未来的发展趋势,无论从规划理念、制度设计、体系建构、沟通协调及权力改革等方面均做出了很好的总结和探索,为我国"多规合一"试点推进和"空间规划"体系的建立

---

① 周静、胡天新、顾永涛:《荷兰国家空间规划体系的构建及横纵协调机制》,《规划师》,2017年第 2 期,第 35~41 页。

② 张书海、冯长春、刘长青:《荷兰空间规划体系及其新动向》,《国际城市规划》,2014 年第 5期,第 89~94 页。

③ 张书海、冯长春、刘长青:《荷兰空间规划体系及其新动向》,《国际城市规划》,2014 年第 5期,第 89~94 页。

④ 周静、胡天新、顾永涛:《荷兰国家空间规划体系的构建及横纵协调机制》,《规划师》,2017年第 2 期,第 35~41 页。

⑤ 张书海、冯长春、刘长青:《荷兰空间规划体系及其新动向》,《国际城市规划》,2014 年第 5期,第 89~94 页。

⑥ 周静、沈迟:《荷兰空间规划体系的改革及启示》,《国际城市规划》,2017 年第 3 期,第 113~121 页。

树立了良好的标杆及可借鉴转化的重要参照物。

四、美国模式

作为分权制下的美国，并无严格意义上的自上而下的空间规划体系，国家层面通常不实行统一管理，多由地方自主编制，真正统管各州和地方政府空间规划的国家规划与宏观区域规划少见，属于自下而上的多元式空间规划模式。[1]

从发展历程看，主要分为 4 个发展阶段。①起步发展阶段（1909—1930年）。伴随人口的城市化进程，商务部颁布《州分区规划授权法案标准》（1922年）和《城市规划授权法案标准》（1928年），城市规划和分区规划全面展开，空间规划体系开始起步。[2] ②逐步形成阶段（1930—1960年）。在城市化快速推进时期，政府成立国家规划局（后更名为国家资源规划局），州级规划机构大量设立，加强对公共项目的规划和投资，区域规划不断发展，空间规划体系逐步形成。③不断深化阶段（1960—1980年）。联邦政府出台《政府间合作法案》和《国家环境政策法》，赋予州和区域规划机构对城市更新计划、社区行动计划及社区发展计划的资助，空间规划类型不断增加，空间规划体系不断纵向深化。④基本稳定阶段（1980—）。地方政府注重城市设计，新城市主义、可持续城市等思想主导城市设计理念，大都市区逐步形成，国家空间格局基本稳定，空间规划体系趋于成熟。[3]

从法律体系看，联邦政府规划立法依据薄弱，其制定的《州分区规划授权法案标准》《城市规划授权法案标准》《土地开发规范》及《精明增长立法指南：规划和管理变化的法规示范》等规定多从技术规范和标准模式，乃至语言规范等角度为地方规划确立立法依据或参考模式。各州规划立法形式多样，从全域控制、增长管理和环境保护等不同角度为各州的规划提供法律依据。

从规划体系看，美国没有真正意义上的国家空间规划，其规划体系主要包括州规划、区域规划、地方规划和社区规划等 4 个层级的规划类别。①州规划，主要制定包括经济发展、土地利用、基础设施建设、公共服务、环境保护等方面的战略性愿景和目标，注重统筹州规划、区域规划及地方规划在纵横关

---

① 许景权、沈迟、胡天新等：《构建我国空间规划体系的总体思路和主要任务》，《规划师》，2017 年第 2 期，第 5～11 页。

② Stuart Meck：Growing Smart Legislative Guidebook，American Planning Association，2002.

③ 蔡玉梅、高延利、张建平等：《美国空间规划体系的构建及启示》，《规划师》，2017 年第 2 期，第 28～34 页。

系及内部的一致性。②区域规划，主要解决跨界和州际问题，重在协调区域内重点区域、基础设施建设、管理增长、保护生态和保护农业遗产等多类型规划的重点问题。③地方规划，主要指县级综合性规划，一般包括经济发展、交通、公共设施、公共安全、财政健康、环境保护等诸多方面，通过《土地用途管制分区》《土地细分》等条则具体实施。① ④社区规划，是指地方政府在建成环境和人文环境具有相似特征的居住区，授权让社区发展公司在物质开发的基础上，结合城市面临的新挑战，综合考虑社会、经济、政治和环境需求，通过实施城市的更新计划和社区行动计划，促进社会交往，增强社区认同感和存在感，以期创造更健康的个体和更健康的社会。②

从规划特点看，美国空间规划体系与其政治体制密切相关，是经济发展不同阶段多元化需求、地域特征及形势博弈等多因素共同作用的结果。就路径而言，各地规划自成体系，主要表现为自下而上的"多样性"或"自由式"空间规划特征。规划机构的设置模式、管理方式、内容和程度与不同层级的规划编制和实施要求相匹配，呈现出极大的差异性；在规划类型上，既有综合型也有专业型的区域规划，以匹配不同的规划职能。作为联邦制国家，美国从来没有过全国性的统一规划和规划体系，各个层级的规划相互独立而共同作用，以地方规划为主、统一协调的特点较为突出。③

诚然，基于不同的历史发展阶段和国情地理的差异，美国的空间规划体系与我国大为不同，但其自下而上的规划体系、基层拥有的自由规划权和裁量权，以及"多元化"或"多样化"的多种风格模式等为我国各种类型"多规合一"的试点及空间规划体系的建构提供了另一种参考路径。

五、几点启示

不难发现，尽管上述发达国家的空间规划体系各具特色且自成流派，但均从自身的发展历程中演变出适宜国土空间的不同模式，亮点纷呈。在规划法律支撑、规划部门权责设置、协调机制建设、技术路线制定及规划理念创新等方面为我国空间规划体系建设和"多规合一"试点改革的深入推进提供了不错的

---

① 蔡玉梅、高延利、张建平等：《美国空间规划体系的构建及启示》，《规划师》，2017年第2期，第28~34页。

② 威廉·洛尔：《从地方到全球：美国社区规划100年》，张纯译，《国际城市规划》，2011年第2期，第85~98、115页。

③ 蔡玉梅、高延利、张建平等：《美国空间规划体系的构建及启示》，《规划师》，2017年第2期，第28~34页。

参考价值和重要启示。

（一）强化空间规划法律的保障作用

发达国家的空间规划体系都有完备的法律法规体系作为支撑。我国空间规划立法滞后，应当加快启动空间规划的专项立法行动，尽快出台《空间规划法》，明确其法律地位，加强与《土地管理法》《城乡规划法》等相关条款的立改废工作；加强地方政府空间规划的立法进程，建构完整的空间规划法律法规体系。

（二）清晰界定部门规划的权责范围

清晰的规划权责是规避规划相互冲突的基本前提，应当合理调整各级规划部门的权责关系，增强规划的层次感和针对性。明确纵向层级政府的规划事权，适当给予地方政府在城乡规划和土地利用规划等方面更大的审批权限和更充分的灵活性，保留中央对部分重大事项的直接决定权。规范规划编制和修改流程，建立规划协调和反馈机制，保障各级部门规划编制有章可循、对接通畅、执行有据。充分借鉴发达国家规划综合大部门的改革举措，加快推进我国规划机构的重组进程，促进规划职能部门的整合，实现部门职责、空间决策和可持续性发展决策的融合互动。

（三）统一空间规划编制的技术路线

空间结构的优化和空间开发的秩序成为欧美发达国家规划编制的主要内容。我国空间规划编制宜在自上而下规划体系下，强化顶层设计和长远目标制定，规范编制数据来源，统一目标和指标，统一底图和坐标，统一编制语言和程序，规范刚性控制和弹性指导，强化评估和监测，加强平台支持和技术保障，确保实现"一本规划、一张蓝图"的多规融合梦想。

（四）完善规划协调发展的体制机制

以荷兰"沟通、协商、共赢"理念为参考，加强规划编制和实施进程中协调机构的建立和协调机制的建设，搭建纵向和横向的沟通平台和层级协调，通过自上而下的协调和平等对接的互惠关系实现规划目标。强化区域的协调，突破行政区域界限，引导区域协调有序发展。同时，完善空间治理体系的公众参与机制，加大社会参与和监督的力度。

（五）不断推进空间规划的理念创新

在借鉴国际先进规划理念的基础上，结合我国经济社会的全面发展、区域协调整合、城市群发展及湾区经济建设等时代诉求，在知识经济、信息产业、基础设施、资源环境、生存空间等需求下，大力推出适合我国国情和未来趋势新的空间规划理念，促进我国空间规划体系更具创新性和先进性，实现空间治理更具科学性、规范性和引领性。

第五章 "多规合一"的基础要件对接

各个规划体系的基础要求各异，是"多规合一"前期阶段亟待解决的基本前提。围绕主要思路、主体框架、基本原则和编制技术等基本要件，加强理念和思路的对接，统一"多规合一"的认知内涵；强化规划顶层设计、目标设定、主体功能定位和空间规划体系的统筹，促进"多规合一"的框架协调；突出底线思维、蓝图统一、项目支撑等核心思想，统一"多规合一"编制的基本原则；改进规划编制方法，加强基础数据统筹，健全预测评价模式，规范技术规程，推进编制技术的有效统一。

第一节 多规整合的主要思路对接

规划是国家意志的重要体现。思路的对接和统筹融合是多规整合的基础和前提，不仅是国家发展战略得以贯彻实施的灵魂，还是规划编制体系重构的行动指南。

一、编制理念的对接统筹

规划理念和规划思路决定规划的编制内容和编制方式。加强规划编制思维的统筹重在强化顶层设计宏观理念、规划思路对接和整合，同时加快微观层面规划思路的转变和规划理念的落实。

（一）促进宏观层面的思路统筹

基于不同规划体系现存的定位差异和不同的价值取向，形成不同的发展理念、规划思路，乃至迥异的评判标准。宏观层面的思路统筹，宜从"五位一体"的发展格局出发，结合发展环境和发展需求，厘清规划与市场的关系，站在中央宏观战略要求和发展部署的高度，注重规划的战略协同，综合协调各类规划的创新理论和发展愿景，使部门规划职责、职能有效服从和服务于国家顶层的发展战略和发展格局，促进规划理论与思路同步、城市与乡村统筹、速度与质量并重、规模与效益兼顾的协调发展态势，为"多规合一"的规划体系变革奠定重要的认识基础。[①]

（二）加快微观层面的思维转变

改变过去单纯重视资源开发，追求发展规模，忽视环境承载能力和环境容量的规划逻辑，逐步向统筹保护与发展，建立"以供定需"的发展观念。在多规融合编制的具体思路上，应当坚持通过资源环境承载力的先导与约束，倒逼构建涵盖自然资源、人口经济和生态环境等重要领域，包含总量指标、结构指标和效率指标等类型的综合性指标体系，同时强化可分解、可微调的刚性与弹性衔接协调机制，促进规划目标与细化指标的有机统一。[②]

二、整合方向的思路协调

围绕规划发展的创新理念，综合考虑生态保护、经济社会发展、政令畅通统一、部门和区域的利益诉求，在多规融合的具体目标和路径上，加强思路的统筹协调。

（一）目标思路的对接

在编制理念和编制思维导向下，围绕规划体系设置、规划属性回归、规划功能明晰等基本范畴，大力促进各类规划在思路指引、目标设定、原则选择等方面的对接和统筹，为规划制定和规划落实奠定统一的思想基础，确保规划内容和执行不缺位、不越位、不错位，使规划对经济社会和谐健康发展的科学引领功能得到充分的体现。

（二）路径考量的对接

在目标思路有效对接的基础上，细化路径的考量，对国民经济和社会发展规划、土地利用规划、城乡建设规划、环境保护规划等重大规划在规划范围、规划期限、基础数据、技术标准、审批流程和监督管理等多个方面或重要环节

---

① 刘燕、郑财贵、杨丽娜：《"多规合一"推进中的部门协同机制》，《中国土地》，2017年第4期，第35～37页。

② 申贵仓、王晓、胡秋红：《承载力先导的"多规合一"指标体系思路探索》，《环境保护》，2016年第15期，第59～64页。

进行思路上的相互对接，协调功能分区与区域空间发展方向，对接重点区域的用地空间布局和空间管制，从而有效保障各类规划和职能部门的定位、责权得到顺利实现。[①]

三、合一认知的统筹协调

以合一认知差异的问题为导向，加强"多规合一"试点宗旨的深化认识和体系建设中"合一"的认知统筹，引领规划建设的发展方向。

（一）统一"一本规划"的认知

破除"多规合一"的"一本规划"只编制某一类规划、某一本规划或者"拼盘大规划"的粗浅认识。根据规划理论体系的深化路径看，"一本规划"远非"一本"的简单数字表述，它既是一套以顶层规划为导向的、以发展规划为核心的、以空间规划为基础的、以区域规划和专业规划为支撑的科学规划体系，也是一套建构规模统一、指标统一、坐标统一、边界统一、期限统一、参数统一、分类统一、管控统一等总分有序、层级清晰、职能精准、统筹协调的规划体系。[②]

（二）统一"一张蓝图"的认知

从宏观层面看，"多规合一"的"一张蓝图"不仅是与规划发展战略相一致，充分展示规划理念、发展愿景以及发展格局的宏伟蓝图，而且是同一空间多类数据、多项指标、多种图示的综合承载体。基于操作层面而言，"一张蓝图"同时也是涵盖永久基本农田保护红线、生态保护控制线、城镇开发边界和产业区块控制等边界管控的总图，还是各类产业绘制、基础设施建设、社会事业发展、生态保护控制等分层图系的先导图。

（三）统一"多规合一"的内涵

围绕习近平总书记"一张蓝图干到底"的总体要求，在一级政府一级事权下，坚持以生态红线为底线、以经济发展为核心、以空间规划为载体，推动空

---

① 孟鹏、冯广京、吴大放等：《"多规冲突"根源与"多规融合"原则——基于"土地利用冲突与'多规融合'研讨会"的思考》，《中国土地科学》，2015 年第 8 期，第 3~9，72 页。
② 刘彦随、王介勇：《转型发展期"多规合一"理论认知与技术方法》，《地理科学进展》，2016年第 5 期，第 529~536 页。

间规划体系改革,将多个规划融合到一个区域上,确保"多规"在生态空间、开发规模、城市边界等重要空间参数上实现融合和统一,并在共建共享的空间信息平台上建构起权威性控制体系,加强国土空间边界管控,实现优化空间布局、有效配置土地资源、提升政府空间管控能力和治理能力的发展目标。[1][2]

第二节　多规整合的主体框架统筹

推进规划的整合是一个复杂的系统工程,在规划整合的前期,务必从顶层导向设计、规划目标设定、基础数据设置等关键领域予以科学统筹和缜密部署,从而为多规整合发展和框架设计奠定重要的基础。

一、多规整合的顶层统揽

规划是引领经济社会发展、推进国家治理的重要工具。党的十八大以来,尤其是十八届三中全会以来,规划统揽"五位一体"的发展全局成为共识,立体化、系统化、结构化的规划体系成为"多规合一"顶层设计的价值取向。

(一)增强顶层规划的体系设计理念,实现多规融合的发展目标

以习近平新时代中国特色社会主义思想为指引,着眼国家规划体系基础性、长期性、全局性与关键性问题,坚持理论创新和规划制度创新,从顶层设计的角度科学界定经济社会发展规划、空间规划、区域规划、专项规划的发展定位和主导功能,确立制度健全、科学规范、运行高效的规划体制和定位精准、职能清晰、功能互补、统筹协调的国家规划体系。

(二)坚持国家发展规划的战略导向功能,规避"九龙治水"的尴尬困境

在高质量发展阶段,仍应坚持发展就是硬道理的战略思想,牢固树立新发展理念,以宪法的规定为准绳,确立国民经济和社会发展五年规划的龙头地位,强化其规划的统领地位,从而理顺规划关系,统一规划体系,完善规划管

---

① 曾有文、孙增峰:《"多规合一"试点中生态空间划定工作回顾与思考——以海口"多规合一"总体规划为例》,《建设科技》,2018年第8期,第52~53页。

② 樊森:《推进"多规合一"的几个重要问题》,《北方经济》,2016年第12期,第19~22页。

理，促进政策协同，切实推进落实宏观调控，提升国家治理体系和治理能力的现代化。

（三）强化国家空间规划的基础功能，增强空间开发保护的载体保障能力

坚持底线思维原则，强化国土空间用途管制，优先考虑国家粮食安全战略和生态安全底线，以永久基本农田保护红线、生态保护红线、城市开发边界作为调整经济结构、促进产业发展、推进城镇化发展不可逾越的"底线"，科学有序统筹布局国土功能空间，强化国家对空间开发利用和保护的整体管控。建议国家层面尽快出台国家空间规划蓝本，从顶层设计角度，确保国土空间开发利用的基础性、科学性、可操作性和长期性。

二、多规整合的目标统筹

规划发展战略的差异和不同的目标导向，会导致规划在制定和实施中出现严重的背离和冲突，成为多规融合难以有效推进和实施的关键"病因"。坚持问题导向和目标导向相结合，从各类规划的目标设置、优化位序和底图精准等角度，促进多规的整合。

（一）设定多规整合的统一目标

以发展规划总体目标为统领，推进各类国土空间规划、区域规划设置与之匹配的定性定量目标，实现规划起始点的统一。增强规划目标的配套性和统筹性，强化上下级规划目标之间的精准对接，在下级规划、专项规划等目标体系中细化分配指标和具体落实进度计划，确保规划目标上下有衔接、同级可统筹、执行有效率。[①]

（二）优化各类目标的制定位序

基于各类规划的定位差异和功能设置的区别，需要科学引导各类规划发展导向，按照重要性制定各类规划目标的位序，减少规划部门之间的目标差距，获取规划融合的最大化收益。以"生存线""生态线"为优先考虑目标，设置约束考量指标，明确划定禁止边界；以重大基础设施建设、特定区域保护为限

---

① 孟鹏、冯广京、吴大放等：《"多规冲突"根源与"多规融合"原则——基于"土地利用冲突与'多规融合'研讨会"的思考》，《中国土地科学》，2015年第8期，第3~9，72页。

制的"保障线"为次优考虑目标,划定空间控制边界;以城镇、园区、产业、乡村等建设为核心的"发展线"应在禁止边界、控制边界的基础上,在开发边界范围内,合理设定发展目标和速度。① 同时,正确处理约束目标与核心目标之间的辩证关系,约束目标是前提、是边界,发展目标是核心、是重点,没有不受约束的发展,也没有不求发展而存在的约束。

(三)推进目标底图的精准统一

在各类规划目标整合的进程中,要切实将发展规划的"目标"、土地利用规划的"指标"、城乡规划的"坐标"和环保规划的"限标"进行协调和统筹,综合考虑国土资源部门的"耕地红线"、发改部门的"资源环境承载上线"、环保部门的"生态红线"、住建部门的城市边界"红线"、水利部门的"用水红线"等约束条件,在一张蓝图上落地落实,确保规划目标的真正统一和空间的无缝对接,切实保障"多规合一"蓝图一绘到底、保护到底、约束到底。②

三、主体功能的定位统一

主体功能区划基于资源环境承载能力、现有开发密度和发展潜力等综合评价,旨在调动和激发不同区域地理空间单元的"主体"功能,是我国国土空间开发的重大理念创新。在多规整合的进程中,应当坚持主体功能的核心定位,对接各类空间规划单元,统筹空间单元功能,明确开发方向、规范开发秩序和控制开发强度,从而建构规划融合的基本要素。

(一)强化主体功能制度

自我国第十一个五年规划建议首次提出主体功能区理念以来,历届政府都强调把其作为空间开发的基础性制度。《中共中央关于全面深化改革若干重大问题的决定》提出要"坚定不移实施主体功能区制度";《中共中央 国务院关于加快推进生态文明建设的意见》强调要积极实施主体功能区战略,全面落实主体功能区规划;党的十八届五中全会提出,要以主体功能区规划为基础统筹各类空间性规划,推进"多规合一"。显然,主体功能区规划制度已上升为国

---

① 林坚、陈诗弘、许超诣等:《空间规划的博弈分析》,《城市规划学刊》,2015 年第 1 期,第 10~14 页。

② 方创琳:《城市多规合一的科学认知与技术路径探析》,《中国土地科学》,2017 年第 1 期,第 28~36 页。

家战略,事关国土开发全局,既是国家宏观层面制定国民经济和社会发展战略和规划的基础,也是微观层面进行项目布局、城镇建设和人口分布的基础。[①]

(二)加强功能分区协调融合

坚持以主体功能区优化开发区、重点开发区、限制开发区和禁止开发区为统领,梳理融合各类空间规划。在建设空间划定中,应当围绕优化开发区和重点开发区的主体功能定位为基础,融合土地规划允许建设区和有条件建设区、城市规划的适宜建设区域;在保护边界划定中,应当以禁止开发区和限制开发区的主体功能定位为基础,融合土地规划之基本农田保护区、环境保护之自然保护区和水源保护区、林地保护规划的生态保护区域,从而有效协调和统筹各类空间规划,为"一张蓝图"的划定打下坚实的基础。

(三)完善主体功能规划体系

围绕国民经济和社会发展需要,逐步完善主体功能区空间规划体系。在规划体系上,以国家和省级主体功能区规划为基础,逐步完善市县乃至特色镇村的主体功能规划体系,构建国家、省、市县、镇(乡)纵向规划编制体系。在规划内容上,强化主体功能规划的战略指导功能和协调功能,加强区域战略定位、战略目标、战略任务与空间规划的紧密融合,确保国家或地区规划战略的落实。在空间管控上,既要强化主体功能的开发强度,又要融合土规和城规的功能管控、边界约束和空间指标管控。[②]

四、空间规划的框架整合

空间规划体系的建立已成为推进多规融合的前提和基础,是规划体系重构的瓶颈和必经环节。从技术路径看,空间规划框架的对接有助于构建相辅相成、相互制约、有序衔接的国土规划体系。

(一)确立"1+X"的空间规划体系

"1"是指落实中央发展理念,以自然资源保护和修复为前提,以主体功能

---

① 黄勇、周世锋、王琳等:《用主体功能区规划统领各类空间性规划——推进"多规合一"可供选择的解决方案》,《全球化》,2018年第4期,第75~88,134页。

② 黄勇、周世锋、王琳等:《用主体功能区规划统领各类空间性规划——推进"多规合一"可供选择的解决方案》,《全球化》,2018年第4期,第75~88,134页。

区划单元功能为基础，统一规划和管理国土空间用途管制的综合性空间规划；"X"指现存的土地利用规划、城乡发展规划、生态环境保护规划等各级各类空间规划，作为综合性空间规划的具体支撑和细化延伸。同时，明晰综合性空间规划和各空间专项规划的定位和内容，严格落实综合性空间规划的战略目标和空间布局。[①]

（二）搭建"点—线—面"一体化框架

点状式空间单元，以控制规划模式为限制，确定点状布局的历史遗迹保护区；以发展规划模式为引导，划定可培育发展的新兴城镇点。线状式空间廊道，以控制规划模式为约束，划定河流保护水系；以发展规划模式为引领，优先规划交通网络。面状式空间区域，以控制规划模式为管束，优先划定生态保护区、基本农田；以发展规划模式为引领，有序划定城市发展中心城区。同时，对于没有划定的区域，设置为弹性空间，根据保护或发展的需要，科学设定土地用途。[②]

第三节　多规整合的基本原则统一

围绕多规融合的关键环节，坚持绿色发展理念，在规划设计、编制实施等重点阶段，强化基本原则的统一，严控建设用地总量，强化基本农田保护，实现国土空间资源的优化配置。

一、坚持底线思维原则

以资源环境承载力评价和国土空间开发适宜性评价为基础，秉持"底线思维"原则，统筹城镇、农业和生态"三大空间"，科学划定永久基本农田保护红线、生态保护红线、城镇开发边界"三条红线"。坚持把"三区三线"作为调整经济结构、规划产业发展、推进城镇化建设不可逾越的红线。合理确定国土开发利用规模、结构布局、强度和时序，转变经济发展和土地资源利用方式，实现保障国家生态安全、粮食安全、资源安全和经济安全的目的。

---

① 安济文、宋真真：《"多规合一"相关问题探析》，《国土资源》，2017年第5期，第52～53页。
② 孟鹏、冯广京、吴大放等：《"多规冲突"根源与"多规融合"原则——基于"土地利用冲突与'多规融合'研讨会"的思考》，《中国土地科学》，2015年第8期，第3～9，72页。

二、坚持差异协调原则

以空间规划整合为契机，坚持差异协调原则，加强规划理念、规划体系、编制依据、编制技术、部门职责等规划范畴的协调，既要确保空间载体功能的趋同性、一致性和强制性，统筹推进陆海协调、区域融合和城乡协调发展；又要维持各类专项规划的专属特性和区域特色，促进生产要素的自由流动和各类资源的高效配置。坚持规划形式的上下结合、社会协同，完善公众参与机制，充分发挥不同领域专家咨询功能，实现规划编制和落实的同心同向行动，确保不同阶段不同行业、不同部门规划和管理权限的统一，实现同一空间载体的统一规划、统一管理和协调执行。

三、坚持蓝图统一原则

以主体功能分区为基础，梳理各类规划空间位置和范围对应的基本要素，整合"多规合一"底图编制技术导则，加强城乡建设规划、土地利用规划、生态环境保护规划的底图整合，做到空间边界范围、用地类别、用地规模及指标的一致性，统一划定农业空间、城镇空间、生态空间，清晰界定永久性基本农田红线、生态保护红线和城镇开发边界，实现卫星影像图、行政区界图、电子政务底图的叠加和统一，形成规划统一、标准统一、格式统一的"多规合一"规划蓝图。

四、保障重点项目原则

重点项目是规划落地实施的重要载体和核心内容，是国家宏观调控的重要抓手，是规划生命力的重要体现。坚持无项目不规划、无规划不项目的原则，在规划制定中围绕国民经济和社会发展的需要和可能，以突出重点、示范支撑、引导发展和优化结构为标准，强化重点项目的科学布局，合理确定城镇建设、产业发展、公共服务、基础设施、生态保护等重点领域的主要任务，从资金、土地、工期等角度量力而行、条块结合、有保有压、联动推进，促进重点项目顺利实施，增强对经济社会持续快速健康发展的支撑和带动作用。

五、坚持动态调整原则

在规划融合的进程中，以规划底线的刚性约束为基础，围绕市场和未来的发展需求，对重点地块的开发强度、建筑高度、开敞空间，以及空间形态进行弹性引导。细化各个空间组织的主导功能,加强设施布局、开发容量底线控制和弹性控制的相机结合,增加规划调整和规划实施的灵活性。着力规避弹性实施风险,逐步健全规划监测评估制度,修正弹性实施过程中存在的问题,规范中期调整制度,在确保规划稳定预期的前提下,增强规划的灵活性、适应性和针对性。

第四节　多规整合的编制技术对接

从技术操作层面,改进规划编制方法,加强基础数据处理,开展综合预测评价,制定编制导则和技术规程,促进"多规合一"规划编制在技术上的统筹和融合。

一、改进规划编制方法

极力破除传统规划编制各自为政、互设限制的多部门、多主体博弈的弊端,在大力推进顶层设计及理念对接的基础上,加强规划编制的技术融合和体制创新,改进规划编制方法,切实推进规划整合的发展步伐。

(一)编制体制的创新改革

以上海、深圳、武汉、重庆、厦门等"多规合一"试点改革为基础,整合推进规划编制改革创新,以空间规划信息管理协同平台建设为契机,将规划融合编制机制与政府规划管理创新改革相结合,通过规划部门职能的协调和合并、编制权限的调整和清理、编制机构的改组等多种改革举措,建立规划协调体制机制,完善空间规划委员会过渡性制度安排,建立一整套有着共同编制班子、专业技术人才队伍和规范的程序性编制运作机制,对机构设置、制度建立、人才组合等进行改革,消除规划间的差异和冲突,为国家规划体制改革和部门机构改革进行有益的探索。[1]

(二)技术层面的编制融合

对各个规划的原有编制程序、编制规则和技术内容进行系统梳理,在底线

---

[1] 朱江:《"多规合一":新常态下规划体制创新的突破口》,https://xueshu.baidu.com/usercenter/paper/show?paperid=1u7h0050th2v0270xc4w0at0n4274846&site=xueshu_se。

控制的基础上，统一规划编制的基期年限、基础空间数据、用地分类标准、指标的内涵和计算方法、技术方法、图件构成、编制执行程序，融合建立一套包括各项规划主要内容、基本认可的技术指标体系，制定共同遵守和执行的基本法则，促进各项规划在技术整合的基础上逐步走向协调和统一。[①]

二、加强多规数据统筹

基础数据不仅是规划编制的前提和基础，是规划目标预测的重要依据，还是"多规合一"部门之间协同认知的基本要件。推进多规整合的数据统筹有利于摸清资源环境国情和经济社会发展的家底，找准优化方向，有助于统一规划行动。

（一）明确统一的基础数据

围绕经济社会的发展需求，从数据口径统筹角度，统一各类数据标准，在规划体系中明晰和规范各类基础数据的编制技术方案，形成不同规划领域、不同规划层级统一协调认可的自然资源、人口、土地、经济、社会等标准数据库，确立包括建设用地规模、生态保护区面积、耕地保有量等国土空间基础数据，地区生产总值、常住人口、城镇化水平等经济社会发展基础数据和涵盖森林覆盖率、二氧化碳排放量、化学需氧量（COD）等生态环境基础数据合一的权威数据体系，为各类规划的编制提供真实、可靠、权威的基础支撑。[②]

（二）加强数据的调查整理

统一数据来源、口径、范围和方式，加强基础数据的调查和整理。强力规范发展数据，尤其是地区生产总值、人口数据、城镇化水平等重点数据的统一口径和范围，真实准确地反映国家和地区重点发展数据的规模、结构和速度等，促进数据精准对接。着力规范生态环境数据的类型、来源和格式，加快推进生态环境支撑数据、自然生态数据、环境监测数据等不同领域、不同部门的

① 孙炳彦：《"多规"关系的分析及其"合一"的几点建议》，《环境与可持续发展》，2016年第5期，第7~10页。

② 李志启：《总书记点赞开化"多规合一"试点经验——浙江省发展规划研究院为开化县"多规合一"试点匠心绘蓝图》，《中国工程咨询》，2016年第7期，第10~14页。

标准化采集、处理和对接。① 加强国土空间数据对接，结合国情普查数据和土地调查数据，利用遥感影像处理等技术、实地核查和抽样调查等多样化数据手段精确核定基本农田面积、生态保护区面积和森林覆盖率，科学划定真实准确、规范统一和公开透明的生态保护红线、永久基本农田红线、城镇开发边界。②③

（三）强化数据的科学预测

在分析国土空间格局、规划指标、城镇布局、乡村振兴、生态保护等现状基础上，综合经济社会发展态势和资源环境承载能力等因素，强化空间规划学、水土资源学、统计分析技术、信息空间技术以及社会调查方法等综合运用和创新，研析未来发展可能面临的主要机遇和严峻挑战，准确研判区域经济社会发展的演进趋势及主要特征，加强规划数据的科学预测，对发展数据、空间数据、生态数据等做出可靠的量化和核定，使各类规划方案更具科学性、前瞻性、系统性和可操作性。

三、协调综合预测评价

资源生态环境承载能力评价、空间开发强度衡量、人口与建设用地规模的预测等既是规划空间布局的重要依据，也是规划融合的基础和前提。"多规合一"整合机制的构建宜在编制前期推进综合预测评价上的统筹协调，增强规划融合要素支撑力。

（一）加强资源环境承载能力评价

我国《生态文明体制改革总体方案》明确要求，空间规划编制前应当进行资源环境承载能力评价和国土空间开发适宜性评价，判断国土开发利用潜力和承载容量，摸清国土空间的基本家底，以评价结果作为规划编制的基本依据，

---

① 基础支撑数据主要包括基础地理、遥感影像、气候气象等方面数据，自然生态数据主要包括农田、森林、草地、沼泽和荒漠等生态系统方面的数据，环境监测数据主要包括水、大气、土壤、噪声、核辐射等环境方面的数据（参见张洋、贺斯佳：《共享生态环境大数据》，《中国科学报》，2019年1月15日第7版）。

② 王旭阳、黄征学：《他山之石：浙江开化空间规划的实践》，《城市发展研究》，2018年第3期，第26～31页。

③ 王旭阳、肖金成：《市县"多规合一"存在的问题与解决路径》，《经济研究参考》，2017年第71期，第5～9页。

保障空间规划的科学性和合理性。① 促进自然本底评价与发展战略的有机结合，使规划编制和执行既能充分体现现状本底，又能符合未来发展趋势，为规划战略目标的定位和具体布局奠定强有力的支撑，使规划更具统领性、基础性和可操作性。②

（二）强化空间开发强度指标控制

空间开发强度是衡量一个地区建设空间占该区域总面积比例的主要参考指标。控制开发强度，旨在使主体功能区保持适当的开发强度。根据《生态文明体制改革总体方案》要求，多规融合要求改变按行政区划和用地基数分配土地指标的传统做法，加强规划编制与各级层面三类空间比列和开发强度控制指标测算结果的对接，并根据经济社会发展实际，改变过去单纯"以人定地"的分解方法，促进"以人定地"与"以产定地"的有机结合，并向重点开发区域适当倾斜，实现空间规划对空间开发的有效管控。③ 重点开展对城镇建设开发的强度性评价和农业生产的适宜性评价。

（三）统筹人口与建设用地规模预测

人口是一切规划的出发点和终极服务对象。在"多规合一"的进程中，人口统计口径应当率先达成一致，统一对接采用公安、统计或卫生健康等部门调查统计数据，综合研究人口规模变化、空间迁徙基本态势，科学预测未来人口发展趋势、人口城镇化和空间集聚发展方向。建设用地应围绕国民经济和社会发展规划提出的城镇化发展和产业发展需求，多维度引导人口城镇化、生产空间的规模化和布局优化，以期推动形成高效、一体化的国土空间开发骨架。

四、制定融合技术规程

技术规程是指导规划编制的实践指南，不同规划体系技术规程的融合是"多规合一"顺利推进和落实的重要抓手，有利于从技术层面和操作层面实现规划的有机衔接和统筹指导，从而有效提升规划的科学性和可操作性。

---

① 《国家发展和改革委员会有关负责人就〈省级空间规划试点方案〉答记者问》，http://www.ndrc.gov.cn/zcfb/jd/201701/t20170110_834744.html。
② 黄勇、周世锋、王琳等：《用主体功能区规划统领各类空间性规划——推进"多规合一"可供选择的解决方案》，《全球化》，2018年第4期，第75～88，134页。
③ 《国家发展和改革委员会有关负责人就〈省级空间规划试点方案〉答记者问》，http://www.ndrc.gov.cn/zcfb/jd/201701/t20170110_834744.html。

(一）制定技术规程融合编制依据

在"多规合一"试点示范的基础上，遵循主要规划的法理基础、编制规程与技术规范，制定多规融合编制的法律依据，从法律位阶的角度赋予技术规程融合编制的法律地位和必备的法定程序，在权威部门的组织、协调和整合下，编制与国家规划改革趋势相符合的技术规程，确保规划编制技术指导的权威性、科学性和时效性。

(二）强化规划融合导则的制定

在各地试点的基础上，根据不同规划的职能、定位和边界，本着协调、融通、互补、统筹的融合发展要求，协商制定"多规合一"的统一性规划技术导则，就规划程序、技术路线、编制方式、数据采集处理、用地分类标准、规划控制要求、规划成果构成、规划图件构成、信息平台和数据库建设等做出明确的规定，以期从技术上统筹融合、指导规范、监督约束下位规划。[1][2]

(三）有序出台融合化技术规程

围绕规划的基本属性和政策指向，国家相关主管部门可组织各类规划体系行业专家，研究制定"多规合一"规划编制的指导性技术规程。短期内，以规划体制改革为契机，宜先出台国土空间规划的编制技术规程，以引领和示范带动"多规合一"技术规程的编制。同时，以空间规划技术规程为基础，有序推进技术标准的转换规则、规划编制标准体系重构、空间管控规则的规范和规划实施机制的统一等关键内容。[3]

---

[1] 蒋跃进：《我国"多规合一"的探索与实践》，《浙江经济》，2014年第21期，第44～47页。
[2] 秦诗立：《协力共推"多规合一"》，《浙江经济》，2016年第7期，第47页。
[3] 刘彦随、王介勇：《转型发展期"多规合一"理论认知与技术方法》，《地理科学进展》，2016年第5期，第529～536页。

第六章 "多规合一"的编制协调机制

规划编制协调是"多规合一"试点改革的重要环节，既是规划协调的重点，又是规划体系变革的焦点。围绕组织建设、标准设定、内容整合和信息平台共建等核心要素，加强规划编制主体的融合和强有力的领导机构，获取专家咨询团队的大力支撑，实现规划组织的有效整合；着力统一用地分类、统一技术平台、统一坐标系统，促进规划标准的整合；界定"多规合一"的基本内涵，协调规划目标和期限，科学谋划总体布局，加强重点任务空间对接；以信息平台为载体，加快信息平台的框架建构、信息平台数据库建设、信息平台的体系搭建，实现规划信息资源的共享和无缝衔接。

第一节 规划组织的整合

为有效规避长期以来因不同规划体系在规划组织上出现的自行委托、自行编制、独自实施的"规划分治"现象，亟待通过"多规合一"试点改革，围绕规划融合发展体制机制建设，加强规划组织的整合，积极推动规划编制主体、领导机构、咨询机构及联动协调机制的建设，建立"多规"融合编制的组织模式。

一、推进规划编制主体的融合

2013年以来，国土部门、住建部门陆续开展了以本部门为主导的"多规合一"试点。2014年9月，国家发展和改革委员会、国土资源部、环境保护部和住房城乡建设部4部委联合下发了《关于开展市县"多规合一"试点工作的通知》，在全国28个市县开展"多规合一"试点。但是，建立在"部门包干"传统体制下的试点，主体各异，编制体例五花八门，难以有效实现"多规合一"的试点目标，亟待深入推进规划编制主体身份的认定、重组或新建工作，为规划融合奠定合格的法定主体。

（一）直接认定规划编制机构

直接认定规划编制主体是行政成本最低的政府行为。从目前国民经济和社会发展规划、土地利用规划、环境保护规划及城乡建设规划来看，各有权益在手，发改是综合部门，国土和住建是职能部门，环保有一票否决权，若直接认定某个部门为多规融合的主管部门，形式大于内容，在多规整合、规划审定乃至规划落实等执行上都存在较大的掣肘，难以真正实现规划体系的重构和规划融合发展的愿景。从短期试点的情形看，有一定的执行空间，但仅是试点期间的产物，不具有可持续性和合法性。

（二）重组构建规划编制主体

根据党的十九大和十九届三中全会部署，国家改革机构设置，优化职能配置。在规划体系上，设置自然资源部，通过整合国土资源部的职责、国家发展和改革委员会的组织编制主体功能区规划职责、住房和城乡建设部的城乡规划管理职责，一定程度上实现了规划职能的整合，以期解决空间规划重叠等现实问题。从"多规合一"试点看，规划条块分割问题最为集中的部分主要在于空间格局的混乱和图斑的冲突。因此，笔者认为从目前国家部委的结构设置和职能统筹的角度看，以自然资源部门作为规划融合编制的主体较具客观性和可行性，但也存在与国民经济和社会发展规划、环保规划等的兼容或统筹问题，亟待在多规融合编制进程中加以调整和修订，并从法律的角度加以确定或认可。

（三）尝试新建编制主体机构

在部门规划权益无法实现有效平衡的状况下，有学者建议成立一个独立于各部委之外，但由各部委参与的"多规合一"组织机构，形成跨部门的综合性规划编制机构。[①] 笔者认为，在大部制改革的背景下，单独设立一个凌驾于各类规划主体部门权益之上的融合编制机构可能性较小。从地方试点情况看，其大多在以主管部门为核心的基础上，成立以主要领导挂帅、各相关部门协同推进的编制机构。虽也存在新建编制机构的创新尝试，但若能在部分规划职能法定划转，各职能部门专项规划的审定、审核和监督等权限实现深度融合的基础上，规划整合机构设置有可探索的空间，也不失为一种较为理想的主体设置

---

① 方创琳：《城市多规合一的科学认知与技术路径探析》，《中国土地科学》，2017年第1期，第28~36页。

模式。

二、组建强而有力的领导机构

强而有力的领导机构是推进"多规"融合的政治保障。构建跨部门边界的组织机构和领导小组业已成为试点中的普遍做法,可在成熟的基础上推广实施。

(一)成立权威性的领导小组

借鉴上海、深圳、嘉兴等典型试点地区领导建设经验,主张成立高规格的"多规合一"规划领导小组,由党政主要领导担任组长,牵头负责规划融合推进工作。明确政府主要领导和分管领导的主要职责,组建跨部门、跨区域的编制工作领导小组,有序推进"多规合一"融合规划研究。同时,完善领导小组组织架构,科学配置常设办公室、专责小组(如"多规办"等),统一协调推进规划试点工作。[①]

(二)构建强有力的组织形式

在领导小组建设的基础上,创新"多规合一"组织管理形式。加强规划体系、规划平台、技术衔接、政策制定及审定执行等内容的统筹和指导,统一研讨和决策区域经济发展的基础条件、关键问题、核心战略,统一组织和协调规划编制、咨询、协商、实施等环节。同时,着力构建行之有效的责任机制,促进不同规划体系官员提高试点改革的政治觉悟,从改进国家治理体系、提升国家治理能力的高度,切实推进"多规合一"试点改革,确保规划融合指令畅达无阻,增强规划融合改革的权威性、时效性和一致性。

三、成立咨询支撑的专家团队

"多规合一"规划涉及面广、专业性强,不仅需要技术过硬、实践经验丰

---

① 上海市为"上海2040"的编制工作成立了由市委主要领导任组长、市政府主要领导和分管领导任副组长、市政府40个部门和16个区共同组成的编制工作领导小组(详见熊健、范宇、金岚:《从"两规合一"到"多规合一"——上海城乡空间治理方式改革与创新》,《城市规划》,2017年第8期,第29~37页)。嘉兴市成立以市委书记、市长为组长的"多规合一"试点工作领导小组,领导小组下设"一办四组",即办公室及经济社会发展、土地利用、生态环境保护、城镇建设四个领域专题工作组,并抽调人员集中办公(参见谢剑锋、罗良干、胡志国:《我国市县推进"多规合一"的探索及反思》,《环境保护》,2015年第Z1期,第31~36页)。

富的专业队伍，而且也需要各行各业专业规划团队和高校科研机构的鼎力支持。在规划组织机构的整合进程中，组织机构建设、功能设置、协调内容、编制队伍融合等，均离不开专家咨询团队的参与和支撑。

（一）组建规划咨询专家智库

围绕规划编制主体内容、发展方向、实施重点、保障措施等核心部分，就各部门、各行业、各系统的专家进行归类整合，组建规划咨询专家库，以期能够在规划组织融合进程中就规划全局性、长期性、综合性问题开展战略研究、导向研判、内容商榷、对策研讨，提供科学的咨询论证意见，发挥规划组织机构的重要辅助功能。在组织形式上，既可以是中立性、松散型专家团队，也可是常设性、专业化的固定研究机构或智库，从而为"多规合一"融合机制构建提供强有力的智力支撑。

（二）重视专家咨询团队意见

咨询专家往往是各行业、部门或地区的佼佼者，代表性强，对规划融合推进中存在的主要问题和发展导向有着深刻的认识和体会，对其中肯的建议要积极采纳和修正，对其不同的意见要科学分析，对其反对的意见要高度重视，并在规划设置、规划编制、规划评估等不同环节充分回应，既要体现开门办规划的世界趋势，又要在广泛吸纳社会民众智慧的基础上，统一规划愿景、统一各方思想，体现规划的前瞻性、科学性、群众性和可操作性。

（三）规范专家决策咨询程序

根据规划相关法律的程序性需求，急需规范专家决策咨询程序，就规划体系设置、规划编制发布、规划编制推进、规划编制审定、规划编制实施、规划编制评估及后评估等阶段性要求做出符合法律规定的规范性程序。明晰专家决策咨询范围、固化专家决策咨询步骤、强化专家决策咨询责任，促进多规融合规划科学决策、民主决策和依法决策，为多规融合编制提供可靠、真实、有担当的智力保障。

四、建立多向联动的协调机构

"多规合一"涵盖部门众多、所涉内容复杂、程序事务烦琐，亟须在强有力机构领导下，建立多项联动的协调机制，梳理协调规划矛盾冲突，促进规划之间的良性互动，实现"一本规划""一张蓝图"的融合发展目标。

(一) 完善纵向协调机制

根据明晰的组织架构和职能职责，发挥领导小组宏观总揽功能，以"总—分—总"的纵向步骤，统一协调推进"多规合一"规划程序的规范、规划标准的制定、技术规程的编制等重大事项，积极研究规划所涉的共同目标与重大问题；充分发挥各专项小组或各部门的力量，分类推进战略目标研究、控制线划定、差异图斑比对与消除等技术性工作；在编制后期，围绕规划发展理念、目标导向、发展战略、空间布局等内容进行有效整合和完善，并组织审议"一张蓝图""一本规划"的改革成果，及时协调规划执行中的重大事项，确保规划落地落实。[①]

(二) 健全横向协调机制

部门间的横向联动是"多规合一"冲突纾解的重要途径。在"多规合一"的试点进程中，应当强化部门规划或市县区规划的联动统筹，逐步构建基层规划协调、配套发展的横向协调机制，提高部门规划的对接融合度，逐步化解规划相互"打架"的明显冲突，在"部门协同、区域协同、技术协同、期限协同"的基础上，确保各类规划在发展理念、目标导向、空间布局、重大任务、实施策略等方面的整体协调。[②] 同时，要加强与社会公众和专家咨询团队的协作，保障规划的开放性、社会性和融合性。

(三) 组建规划协调平台

利用互联网技术和"放管服"政务服务网络，构建"多规合一"协调发展平台，围绕规划总体战略，就部门区域规划中存在的主要问题，通过协调平台的"并联式"推送，为规划的横向协调和纵向传递起到良好的沟通作用，为相关问题的统筹研究、集体决策和意见综合提供多向联动载体，使规划编制、规划实施、规划审定、规划执行、规划评估、项目建设及空间落地等提供良好的综合服务，为规划信息平台载体的建设营运提供理论和强大的后台支撑，提升规划统筹协调效率。

---

① 詹国彬：《"多规合一"改革的成效、挑战与路径选择——以嘉兴市为例》，《中国行政管理》，2017年第11期，第33~38页。

② 应丽斋、余延青：《嘉兴探索"多规合一"机制统筹全域发展》，《今日浙江》，2015年第5期，第32~35页。

第二节 规划标准的整合

标准是多规融合推进的重要准绳。促进规划标准整合，建构"多规合一"的统一技术标准体系，是绘制"一本规划、一张蓝图"的关键基石，是各类规划衔接的重要支撑或技术端口。就传统规划体系而言，规划冲突主要集中于土地利用规划和城乡建设规划两大体系，亟待加以协调整合，消除技术壁垒，为"多规合一"的编制实施提供可供遵循和参考的技术标准。

一、统一用地分类

土地分类是人类社会对土地利用、改造的方式和结果，反映土地的利用形式和用途功能，是土地资源统计和土地制图的基础，依托土地资源优势，因地制宜，合理组织土地利用和生产空间格局。

我国土地分类主要形成了城乡用地分类和土地利用分类两大体系，分别成为指导城乡规划部门和国土资源部门（自然资源部门）规划的重要依据。土地不同类型的划分和较大的差异①，致使在城市建设用地、绿地、特殊用地和对外交通用地等土地类型的界定上无法有效衔接，甚至出现同一空间"一女多嫁"现象，造成土地用途的混淆和图斑冲突，也不利于对区域空间进行整体评估和统筹安排，难以为地方经济社会发展起到良好的开发指导作用。因此，推进统一用地分类主要集中在两大标准体系的关键领域。

（一）统一用地分类的基本要求

用地分类衔接是确保同一类型用地在面积、空间和属性上的一致性。在"多规合一"试点进程中，为满足一定历史时期经济、社会和生态环境的发展需求，保证土地高效集约、可持续合理利用，应当坚持土地标准整合的统一性、协调性和可操作性，按照土地的自然属性和空间功能，以便严格划分和精

---

① 我国城市总体规划主要采用《城市用地分类与规划建设用地标准》中的划分，将土地分为城乡用地与建设用地两个部分，其中城乡用地共分为 2 个大类、9 个中类和 17 个小类，建设用地共分为个 8 个大类、35 个中类和 43 个小类；而土地利用总体规划则主要采用《市县乡级土地利用总体规划编制规程》中的分类标准，划分为建设用地、农用地、未利用地 3 个大类、10 个二级类和 29 个三级类（参见纪小乐：《"多规合一"目前进展存在问题及机制探讨》，《泰山学院学报》，2018 年第 2 期，第 96～101 页）。

准定位每一地块的类型、使用规则和管控举措,切实解决用地矛盾和冲突。

1. 坚持土地分类的统一性

从高度统一的角度,严格评价、限定和落实每一块新设地类的自然属性、空间功能,严格规范土地变更程序,加强对各类用地的统一核算,切实避免传统规划体系中的"一女多嫁"现象,真正实现"一本规划、一张蓝图"的试点目标。

2. 坚持土地分类的协调性

从机构改革和规划职能划转的趋势看,应当在发现差异、分析原因的基础上,将土地利用规划中建设用地指标、耕地总量占补平衡及生态空间保护等约束性相关内容与城乡建设规划中城镇建设、土地供应和土地整理开发等重点发展内容精准对接,统筹推进土地资源的综合利用,实现城乡经济社会发展与耕地保护、生态保护的协同可持续发展。[1]

3. 坚持土地分类的操作性

根据城乡经济社会发展的实际状况,从便于操作、易于对接和可落地执行的角度,从基础数据底板制作对接、规划编制专项融合、详细规划和建设项目用地管理等实施方面,细化用地分类标准,确保空间管制标准和设施配置标准的统筹协调。[2]

(二)统一用地分类的实施路径

"多规合一"空间功能划分和管控中的矛盾主要集中于土地利用规划与城乡规划,协调"两规"建设用地冲突或差异是"多规合一"进程中不可回避的关键内容。注重对"建设用地和非建设用地""非建设用地内部土地"的差异化协调[3],通过分析、归类、协调、归档等行动,实现多规用地的整合。

---

[1] 王光伟、贾刘强、高黄根:《"多规合一"规划中的城乡用地分类及其应用》,《规划师》,2017年第4期,第41~45页。

[2] 熊健、范宇、金岚:《从"两规合一"到"多规合一"——上海城乡空间治理方式改革与创新》,《城市规划》,2017年第8期,第29~37页。

[3] 在厦门实践上,则从"土规为建设用地、城规为非建设用地"和"城规为建设用地、土规为非建设用地"两个方面进行梳理和归类(参见:郑玉梁、李竹颖:《国内"多规合一"实践研究与启示》,《四川建筑》,2015年第8期,第4~6页)。

1. 建设用地和非建设用地的差异协调

当建设用地与划定的农业空间或生态空间不相匹配时,则应当从负面清单的角度,逐步清理和退出不允许的建设类型。当建设用地与永久基本农田发生冲突时,除国家重大能源、交通、水利、军事设施等选址需要外,原则上要退出。当建设用地与生态保护红线相冲突时,除无法避让的基础设施、风景名胜服务设施、历史文化保护建筑、生态服务设施用地外,原则上也要进行调出处理。

2. 非建设用地内部土地的差异化处理

按照法律规定的优先等级(如农业—城镇—生态的优先级次序或空间集聚原则等)进行确定,对永久基本农田、耕地后备资源、林地类别、林业保护级别等进行分类整理。同时,也可以地理国情普查数据为依据,充分协调和判定土地的唯一属性。[①]

3. 统筹协调基础上"多规合一"用地分类整合

在城乡建设规划、土地利用规划内部属性细分和冲突协调的基础上,按照保护优先、总量控制和规划引导的原则,根据土地利用现状分类标准,将土地可划分为城市建设用地、其他建设用地和非建设用地3个一级类。根据用地的内涵和归类方式的不同情况,结合林业、水利等相关专业规划用地分类,构建由建设用地和非建设用地两类土地分类构成的"多规合一"用地分类体系(如图6-1所示)。[②]

---

① 王旭阳、黄征学:《他山之石:浙江开化空间规划的实践》,《城市发展研究》,2018年第3期,第26~31页。

② 程永辉、刘科伟、赵丹等:《"多规合一"下城市开发边界划定的若干问题探讨》,《城市规划》,2015年第7期,第52~57页。

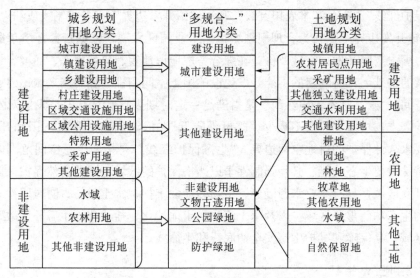

图6-1 "多规合一"土地分类整合框架示意图

（三）统一用地分类的整合重点

根据不同主体功能定位，综合考虑经济社会发展的时代要求，以及永久基本农田、自然保护地、重点生态功能区、生态环境敏感区等本底维护，加强用地分类衔接，科学划定"三大空间、三条红线、三大指标"的空间格局。

1. 三大空间

其主要指"城镇空间""农业空间""生态空间"三大类型。其中，"城镇空间"是从资源环境承载能力评价和开发强度控制要求出发，满足优化城镇功能布局和弹性开发边界需要的、以城镇居民生产生活为主体功能的国土空间，主要包括城镇建设空间、工矿建设空间，以及部分乡镇政府驻地开发建设空间。"农业空间"是以农业生产和农村居民生活为主体功能的国土空间，主要包括永久基本农田、一般农地和其他农用地为主的农业生产用地，以及村庄等农村生活用地。"生态空间"是以保护生态安全和构建生态屏障为基本要求，以提供生态服务或生态产品为主体功能的国土空间，主要包括森林、草原、湿地、河流、湖泊、滩涂、荒地、荒漠等。

2. 三条红线

其是指根据"城镇空间""农业空间""生态空间"三大空间所划定的"生

态保护红线""永久基本农田红线"和"城镇开发边界"三条控制线或约束线。"城镇开发边界"是指为合理规划城镇、工业园区发展,依据资源环境承载能力、国土空间开发适宜性评价,在综合考虑地形地貌、自然生态、环境容量等因素的基础上,所划定的不能开发建设的国土空间刚性边界和未来城镇建设预留空间。"永久基本农田红线"是指满足一定时期人口和社会经济发展对农产品的需求,按照"数量不减少、质量不降低"、依法确定的不得占用和开发、需要永久性保护的耕地空间边界。"生态保护红线"是指在生态空间范围内具有特殊重要生态功能、必须强制性予以严格保护的区域,涵盖自然保护区等禁止开发区域,具有重要水源涵养、生物多样性维护、水土保持、防风固沙等功能的生态功能重要区域,以及水土流失、土地沙化、盐渍化等生态环境敏感脆弱区域,是保障和维护生态安全的底线和生命线。

3. 三大指标

其主要指在土地利用保护进程中对"开发强度控制""建设用地总量""基本农田保护规模"等需要所设置的控制指标。"开发强度控制"是对土地开发容量的控制,是确定重大建设项目选址和城市发展空间发展方向的重要依据,主要包括建筑密度、建筑高度、容积率、绿地率及人口规模等主要指标。"建设用地总量"是指对一个地区建设用地指标的总量进行管控的措施,明确建设用地的规模、布局、结构和时序安排,主要包括建设用地总规模、城乡建设用地规模、工矿建设用地规模和农村建设用地规模等关键指标。"基本农田保护规模"是指满足我国未来人口和国民经济发展对农产品的需求,维护国家粮食安全,保持社会稳定的基本农田规模。

二、统一技术平台

"多规合一"的空间融合需要涵盖数据管理、空间分析、空间转换等功能的强大技术支撑平台。从实际使用的软件系统看,主要集中为城乡建设规划和土地利用规划两大差异化的软件系统,"多规合一"的地理信息空间融合亟待推进两大空间分析工具的整合。

(一)城乡建设规划编辑使用的软件系统

在实际操作中,城乡规划通常利用空间精度较高的 AutoCAD 软件系统对城区进行规划设计。AutoCAD 是具有地图编辑功能的软件,能根据数据的不同特点快速查询,统改字体,统改线属性,统改编码及名称,对线段的处理极为方便。但是，AutoCAD 也存在不具备自动矢量功能、精确定向功能较差、数据构面存在缝隙等缺陷[1]，空间分析功能较差，难以有效建立完整的地理坐标系统，无法实现地理坐标的投影变换，可作为数据库前期编辑软件使用。[2]从数据处理格式看，AutoCAD 主要采用 dwg 格式，数据可视化效果较好，但 dwg 数据对于空间属性的表达则存在严重的不足。[3]

（二）土地利用规划编辑使用的软件系统

我国土地利用规划编制主要依托 ArcGIS 软件平台，其是一种可不依赖于 CAD 平台的独立编辑软件，从使用功能看，兼具色彩丰富、拓扑结构简单、数据构面处理方便等功能，适用于各种专题地图的制作，能很好地完成地图整饰和制印。[4] ArcGIS 软件能将全域地块通过地理数据库的形式进行有效管理，数据联系紧密，坐标系统明确，用地属性信息详尽，并且 ArcGIS 软件具有数据管理、空间分析、矢量数据分析、栅格数据分析以及空间转换等多种功能，可实现规划成果的转译和叠合。[5] 同时，ArcGIS 软件数据格式主要为 shape 格式，其空间属性表达能力很强，有利于各项规划的空间属性表达，方便规划成果的衔接和管理。[6]

（三）多规融合编辑平台的选择

根据"多规合一""一张蓝图"试点的整合目标和土地属性的唯一性要求，相较而言，土地规划编制的 ArcGIS 软件平台地理信息处理功能显得更为强大和优异。因此，为有效解决"多规合一"底图冲突的矛盾和规划编制的顺利对接，应当以土地利用总体规划地理数据库为基础底图，构建全域统一的空间数据库，既可适应国土空间规划的改革趋势，也可利用其突出的衔接转化功能，

---

① 时荣、朱怀汝、王玲：《Microstation、MapGIS 和 AutoCAD 三种地图编辑软件的优缺点及数据的互通使用》，《产业与科技论坛》，2013 年第 4 期，第 105～106 页。

② 程永辉、刘科伟、赵丹等：《"多规合一"下城市开发边界划定的若干问题探讨》，《城市发展研究》，2015 年第 7 期，第 52～57 页。

③ 张佳佳、郭熙、赵小敏：《新常态下多规合一的探讨与展望》，《江西农业学报》，2015 年第 10 期，第 125～128 页。

④ 时荣、朱怀汝、王玲：《Microstation、MapGIS 和 AutoCAD 三种地图编辑软件的优缺点及数据的互通使用》，《产业与科技论坛》，2013 年第 4 期，第 105～106 页。

⑤ 程永辉、刘科伟、赵丹等：《"多规合一"下城市开发边界划定的若干问题探讨》，《城市发展研究》，2015 年第 7 期，第 52～57 页。

⑥ 张佳佳、郭熙、赵小敏：《新常态下多规合一的探讨与展望》，《江西农业学报》，2015 年第 10 期，第 125～128 页。

实现规划底图间的有效整合,为市(县)域"一张蓝图"的统一管理奠定技术和规划编制基础。

三、统一坐标系统

我国国土空间坐标主要包括国家坐标系统和地方坐标系统两大类,根据发展历程又细分为北京54坐标系、西安80坐标系、WGS−84坐标系、国家大地2000坐标系和地方独立坐标系等①几大类型。鉴于规划体系和适用范围的不同,我国地理信息系统各异,难以对地理信息的输入、处理和输出提供一个统一的定位框架,不利于数据的管理、应用和分析。在经济社会快速发展的多元化需求时代,亟待通过"多规合一"的试点,建立坐标体系间的转换路径,搭建统一的坐标转换平台或构建统一的坐标体系。

(一)我国坐标体系的演化历程

随着不同的国情发展需求,我国地理坐标系历经了一个从舶来到自成体系的演变历程。1954年采用苏联克拉索夫斯基椭圆体编制的北京54坐标系,建立了我国的平面坐标系统,虽然在规划图、初步设计和施工图设计上仍然有用,但无法准确定位空间位置,指向不明,误差积累大,不能满足高精度定位以及地球科学、空间科学和战略武器发展的需要。西安80坐标系是以陕西省泾阳县永乐镇为大地原点,以1956年青岛验潮站求出的黄海平均水面为基准,根据椭球定位基本原理建立的坐标体系,简称西安大地原点坐标系。但由于受技术条件制约,这种二维、非地心的坐标系精度偏低,无法满足新技术的应用要求。WGS−84大地坐标系是通过国际协议确定的协议地球坐标系,是以地球质心为原点,以BIH1984.0定义的协议地球极为方向,以零子午面和CTP赤道为交点的全球定位导航系统坐标系。国家大地2000坐标系是全球地心坐标系在我国的具体体现,其原点为包括海洋和大气的整个地球的质量中心,是采用广义相对论意义下的尺度,目前最新且更加科学的三维国家大地坐标系。

同时,为服务地方经济社会建设活动和更符合当地拟合精度的要求,地方测绘部门还形成了专门的地方城建坐标系。其是一种不同于国家坐标系的参心坐标系的高斯平面坐标系,利于减少高程规划与投影变形产生的影响,满足一

---

① 注:在国内网络地图中还存在GCJ02、BD09坐标系,即常说的火星坐标系和百度坐标系,均是在国家大地坐标系基础上的二次变形。百度坐标系主要用于百度地图,国内其他地图产品用到的则是火星坐标系。

般工程放样或不动产测绘等需要。

（二）推进融合坐标体系的建设

在规划应用中，空间坐标的差异集中体现为土地规划与国土审批数据主要采用西安 80 坐标系，而城乡规划成果与规划审批数据主要采用地方城建坐标系；同时，发改及其他职能部门相关数据因为基础不同而采用的坐标不一，从而在图斑色素的表达和分区的定位等方面上存在较大差异，为"多规合一"的可融合转换或标准化制图构成了一定的困难（如表 6-1 所示）。[1]

表 6-1　某地规划采用的坐标系[2]

规划类型	坐标系	高程系统
城乡规划	地方城建坐标系	地方高程系统
土地规划	西安 80 坐标系	1985 国家高程系统
林业与农业规划	西安 80 坐标系	1985 国家高程系统
通用航空规划	WGS-84 坐标系	大地高
轨道交通规划	地方城建坐标系	地方高程系统
港口及航道规划	北京 54 坐标系	地方高程或航海高程
文物普查及规划	WGS-84 坐标系	大地高

"多规合一"要求在一个比较统一或者通用的空间坐标下表达各种规划要素。在短期内建议以土地规划西安 80 坐标系统为标准，统一比例尺图纸，采用"一对一"或"一对多"的形式，搭建坐标转换平台，在西安 80 坐标系、北京 54 坐标系与地方城建坐标系之间建立转换参数，实现多个坐标系的实时转换。[3] 同时，积极响应国家坐标系管理的相关要求，逐步建立面向 CGCS2000 大地的坐标体系，以 ArcGIS 软件系统为统一的运行平台，建立 CGCS2000 大地坐标，实现各系统、部门之间资源和成果的共建共享，切实推

---

[1]　张佳佳、郭熙、赵小敏：《新常态下多规合一的探讨与展望》，《江西农业学报》，2015 年第 10 期，第 125～128 页。

[2]　注：以厦门市的规划体系为蓝本（参见刘敏、王磊：《"多规合一"背景下坐标系统的一体化方案研究》，《工程勘察》，2017 年第 4 期，第 44～48 页）。

[3]　黄征学、王继源：《统筹推进县市"多规合一"规划的建议》，《国土资源情报》，2017 年第 5 期，第 24～30 页。

进基础地理信息数据成果的有效衔接（如图6-2所示）。[①]

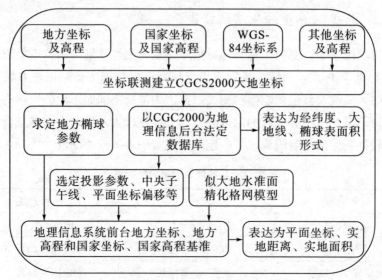

图6-2 "多规合一"坐标系统的对接统一路线图[②]

第三节 规划内容的整合

规划内容是规划思路和政府愿景的集中体现。加强各类规划体系的内容对接和整合是"多规合一"试点改革的重要领域，坚持以规划冲突为导向，统一"多规合一"的改革认知，协调规划规划时序和期限，科学谋划空间格局体系，完善"三区三线"功能设置，细化重点任务空间保障，确保"一张蓝图"干到底。

一、明晰"多规合一"的内涵

统一"多规合一"的不同认知，深化其基本内涵，利于提升规划的兼容性、科学性和前沿性，更好地服从和服务于规划体制改革的发展导向，增强其时代责任感、历史使命感。

---

① 刘敏、王磊：《"多规合一"背景下坐标系统的一体化方案研究》，《工程勘察》，2017年第4期，第44～48页。

② 刘敏、王磊：《"多规合一"背景下坐标系统的一体化方案研究》，《工程勘察》，2017年第4期，第44～48页。

（一）加强"多规合一"的认知统筹

就目前而言，"多规合一"仍处于试点阶段，对"多规合一"的理解和认知存在不同的观点。有的研究主张"多规合一"就是多个空间规划在一个空间上的融合。[①②] 有的认为"多规合一"试点是规划事权的重新划分改革。[③] 有的学者认为"多规合一"不是简单的"合一"，而更像是管理权限的统筹。[④] 有的机构认为"多规合一"就是要制定一个具有唯一性和统领性功能的总体规划。[⑤] 部分学者认为"多规合一"仅是各个规划在空间上的协调和衔接，不是一种独立的规划类型。[⑥⑦] 有些学者强调"多规合一"主要是构建一个以"经济社会发展总体规划为引领的空间规划体系"。[⑧⑨] 甚至个别学者从部门整合的角度，认为"多规合一"是在核定主体功能基础上的一本综合规划。[⑩] 因此，在推进多规协调融合的进程中，加强"多规合一"的认知统筹是确保规划试点改革的首要任务。

（二）界定"多规合一"的基本内涵

根据空间规划的国际化趋势及我国规划体制改革试点的情况看，笔者认为"多规合一"通过对坐标体系、规划期限、技术参数、土地分类、信息平台、成果形式等标准的统一，实现对主体功能区规划、土地利用规划、城乡建设规划、环境保护规划等空间要素的整合，逐步建构以经济社会发展总体规划为引

① 李志启：《总书记点赞开化"多规合一"试点经验——浙江省发展规划研究院为开化县"多规合一"试点匠心绘蓝图》，《中国工程咨询》，2016年第7期，第10~14页。

② 胡鞍钢：《遵循规划原则 探索发展路径》，《城乡建设》，2018年第1期，第26~27页。

③ 张克：《"多规合一"背景下地方规划体制改革探析》，《行政管理改革》，2017年第5期，第30~34页。

④ 张少康、温春阳、房庆方等：《三规合———理论探讨与实践创新》，《城市规划》，2014年第12期，第78~81页。

⑤ 浙江省咨询委战略发展部：《围绕"三个一"推进"多规合一"》，《决策咨询》，2015年第6期，第13~15、20页。

⑥ 苏涵、陈皓：《"多规合一"的本质及其编制要点探析》，《规划师》，2015年第2期，第57~62页。

⑦ 王唯山、魏立军：《厦门市"多规合一"实践的探索与思考》，《规划师》，2015年第2期，第46~51页。

⑧ 蓝枫：《推进"多规合一"深化规划体制改革》，《城乡建设》，2015年第5期，第20~23页。

⑨ 胡志强：《"多规合一"并非只搞一个规划》，《中国党政干部论坛》，2016年第5期，第89页。

⑩ 方创琳：《城市多规合一的科学认知与技术路径探析》，《中国土地科学》，2017年第1期，第28~36页。

领、国土空间规划为支撑、空间规划融合联动的规划体系。

1. 以体系重构为导向

以空间规划体系整合为契机，理顺规划事权关系，确立国民经济和社会发展规划的统领地位，突出国土空间规划的支撑功能，建立规划联动机制，形成一套纵向衔接、横向协调的规划体系，实现空间规划管控的高度一致、重点任务和项目工程的高度衔接。[1]

2. 以空间整合为重点

以"三区三线"为抓手，科学划定"生态保护红线、基本农田保护红线、城市开发边界"三条"红线"和"城镇、农业、生态"三大空间格局，优化区域功能定位，细化土地属性，强化图斑对接促进空间规划的叠加整合，实现"一张蓝图干到底"。

3. 以标准统一为支撑

围绕空间规划编制涉及的基础数据、坐标体系、技术底图、技术标准、土地分类等基本问题，统一规划目标、规划期限、规划技术标准，加强宏观统筹和协调，奠定"多规合一"空间协调融合发展的基础技术支撑。

二、协调规划目标和期限

根据十九大报告确定的"两个一百年"奋斗目标，加快推进各大规划在规划时序和期限上的统筹协调。

（一）统一规划时序

促进不同规划期限的协调，形成统一的规划时序。在"多规合一"试点改革推进下的国土空间规划应服从和服务于国家的长远发展战略，从较长时间的角度，对土地空间、土地规模、土地红线等进行较长预期的展望，稳定空间结构预期。对于近期规划适宜以国民经济和社会发展五年期纲要为引领，制定经济社会活动发展目标、建设重点和空间布局；同时，可展望至 2035 年、2050 年，实现近期、中期、远期规划时序的衔接性和延续性。精心设置短期规划层

---

① 黄勇、周世锋、王琳等：《"多规合一"的基本理念与技术方法探索》，《规划师》，2016 年第 3 期，第 82~88 页。

次，夯实年度实施计划、建设计划等，推进重大规划项目落地落实。①

（二）明确规划期限

围绕"两个一百年"奋斗目标，加强顶层规划、近中期规划的统筹协调，统一同一层级不同类型间的规划期限。结合国家五年发展规划的例行惯例，探索明晰各规划近期（5年）、中期（15年）和远期（30年）三个规划期限，根据目标任务的时间节点，按照近实远虚的原则推进规划目标、重点任务的协调衔接。② 同时，建立每3~5年的评估修订机制，适应经济社会发展的环境变化，增强规划的宏观动态调控功能。③

三、科学谋划总体布局

统筹空间规划总体布局是"多规合一"试点探索取得的共识，加快推进"三区三线"空间的划定，构建纵向对接、横向融合的空间规划体系已成为"多规合一"空间规划改革深入实施的关键环节和重点领域。

（一）构建空间规划体系

随着"多规合一"试点的不断推进和理论研究的深入探索，编制"多规合一"的空间规划成为规划体制改革的首要选择。

1. 国家对规划编制的明确导向

党的十八届五中全会提出以主体功能区规划为基础统筹各类空间性规划，推进"多规合一"。《生态文明体制改革总体方案》进一步强调整合目前各部门分头编制的各类空间性规划，编制统一的空间规划，实现规划全覆盖。④ 2017年1月，国务院《全国国土规划纲要（2016—2030年）》明确提出完善规划体系：以主体功能区规划为基础，统筹各类空间性规划，推进"多规合一"，编制国家级、省级国土规划，并与城乡建设、区域发展、环境保护等规划相协

---

① 冯健、李烨：《我国规划协调理论研究进展与展望》，《地域研究与开发》，2016年第6期，第128~133、168页。

② 黄勇、周世锋、王琳等：《"多规合一"的基本理念与技术方法探索》，《规划师》，2016年第3期，第82~88页。

③ 罗以灿：《基于"三层四线"的"多规合一"管理平台建设》，《西部大开发》，2015年第4期，第84~89页。

④ 《生态文明体制改革总体方案》，http://www.gov.cn/guowuyuan/2015 − 09/21/content _ 2936327.htm。

调，推动市县层面经济社会发展、城乡建设、土地利用、生态环境保护等"多规合一"。① 2019 年 5 月，《中共中央 国务院关于建立国土空间规划体系并监督实施的若干意见》直接强调坚持"多规合一"，不在国土空间规划体系之外另设其他空间规划。从而，为"多规合一"空间规划体系的构建指明了方向和路径。

2. 空间规划体系建构的两大重点

规划体系既涵盖国家—省（区、市）—市（州）—县（区）—乡（镇、街道）的纵向规划体系，也包括经济社会—城乡建设—国土资源—生态环境等横向规划体系，还包括总体—专题—专项—详细的四个层级的分类规划，甚至包括"全域—次区域—片区"的区域性规划。目前，从问题导向的角度看，纵向规划体系和横向规划体系的重构是空间规划体系整合的主要重点。

（1）纵向空间规划体系。结合大部制机构改革的职能划转和不断完善的规划体制机制，依托国家主体功能区规划，统筹各类空间规划，编制形成"定位清晰、统一衔接、管控有序"的垂直型空间规划体系，逐步建构国土空间开发保护"一张图"。

国家空间规划要从宏观、战略的角度，全面落实党中央、国务院重大决策部署，是对主体功能区规划、土地利用规划、城乡建设规划等空间规划的融合继承发展，是规划体系对接协调的基石，是对经济社会发展、城镇空间开发、产业结构调整等空间布局的指导性或约束性规划，是指导部门规划、省市地方空间规划以及各专项规划的重要依据，具有全域的约束力。

省级空间规划是国家空间规划的中间统筹执行载体，是落实国家和区域空间战略与目标任务、统筹省级宏观管理和市县微观管控需求的规划平台，是对省域国土空间开发、保护、治理的统筹部署，是协调省级部门各相关专项规划编制及政策性文件制定的重要依据。②

市县空间规划是对国家、省级空间规划的承接和传达，是市县空间发展的指南、可持续发展的空间蓝图，是统筹市县国土空间开发与保护的战略性、基础性、指导性和约束性的空间规划，是划定生态保护红线、永久基本农田保护红线、城镇开发边界三条控制线，推进重大产业平台建设和基础设施布局，以

---

① 《全国国土规划纲要（2016—2030 年）》，http://www.gov.cn/zhengce/content/2017-02/04/content_5165309.htm。
② 许景权、沈迟、胡天新等：《构建我国空间规划体系的总体思路和主要任务》，《规划师》，2017 年第 2 期，第 5～11 页。

及制定项目开发建设实体边界和空间规划管理的基本依据。[①]

乡镇空间规划是对上级国土空间总体规划要求的细化落实和具体执行，是制定乡镇空间发展策略和目标、开展国土空间资源保护利用、生态修复和实施国土空间规划管理的空间蓝图，是对具体地块用途和开发建设强度等的可操作性安排，是国土空间开发保护、空间用途管制、核发城乡建设项目规划许可、进行各项建设等的有效空间治理工具。

（2）横向空间规划体系。在总体空间规划的框架下，调整经济社会发展规划、城乡规划、生态环境规划等空间职能，正确处理各规划间的关系，推动形成空间有统筹、功能有重点、体系可联通的横向融合发展格局。

经济社会发展规划是国家宪法赋予的统领性规划，对空间战略格局、空间结构优化及重大生产力布局具有时空统筹功能。空间规划要以经济社会发展规划所确定的目标任务，合理确定国土空间开发保护格局。经济社会发展规划要结合空间规划所提供的"三区三线"范围、资源环境承载能力、空间开发适宜性、土地指标规模等空间要素配置，科学合理确定经济社会发展目标、重点任务和重大项目。[②]

国土空间规划在全面摸清国土空间本底条件和划定"三区三线"的基础上，要突出其空间开发保护的平台功能，为经济社会发展规划重点任务、重点项目提供空间资源保障，对城乡建设规划、生态环境保护规划及各专项规划的基础设施、城镇体系建设、资源能源、生态环境治理等开发保护活动进行指导和约束。

城乡建设规划宜在充分对接国土空间规划的基础上，调整土地属性类别、坐标体系，消除图斑冲突，协调城乡空间布局，围绕指标规模，重新定位和调整城乡建设各专项规划和详细规划，聚焦经济社会发展目标和城乡建设任务，促进城乡经济社会全面协调可持续发展。

生态环保规划宜在总体空间规划的范围内，加强空间对接和生态环境现状分析，加大专题规划的统筹力度，聚焦生态优先、绿色发展主题，推进生态空间结构优化、协同保护治理和环境基础建设，统筹污染防治、生态治理、灾害防治、自然保护、生物保护，着力改善生态环境质量。

同时，加快推进专项规划和区域规划体系的职能调整，提升支撑作用。围

---

① 许景权、沈迟、胡天新等：《构建我国空间规划体系的总体思路和主要任务》，《规划师》，2017年第2期，第5～11页。

② 许景权、沈迟、胡天新等：《构建我国空间规划体系的总体思路和主要任务》，《规划师》，2017年第2期，第5～11页。

绕国家空间规划及相关重大规划，发挥专项规划在特定领域的重点指导功能，根据重点任务的发展需求、时间表和具体路径提高针对性和落地性。区域性规划宜在符合国家总体规划的框架下，贯彻落实国家重大战略，聚焦区域特色，因地制宜推动特定区域协调协同发展。

（二）优化空间开发格局

根据主体功能区定位，科学开展资源环境承载力和国土空间开发的适宜性评价，结合经济社会发展、产业布局、人口变动趋势，围绕"一张蓝图"的试点改革目标，科学划定永久基本农田保护红线、生态保护红线、城镇开发边界三条控制线，划分城镇建设、农业生产和生态保护三大功能空间，整合形成"三区三线"协调一致的空间管控分区，明确重大基础设施、城镇发展空间、产业集聚平台、资源能源开发、生态环境保护等布局，绘制形成空间规划底图。

1. "三线"的划定

三条红线是国土空间结构精准落地的重要手段，是自上而下刚性传导、统一管控的核心政策工具，是"多规合一"试点进程中化解规划矛盾、实现"多规融合"的重要抓手。

（1）永久基本农田保护红线。[①] 基本农田是按照一定时期人口和社会经济发展对农产品的需求而必须确保的最低耕地保有量，永久基本农田保护红线是依法确定不得占用、不得开发、永久性保护的耕地空间边界。

从相关规定和土地属性看，根据《国土资源部 农业部关于进一步做好永久基本农田划定工作的通知》（国土资发〔2014〕128号）及《国土资源部关于全面实行永久基本农田特殊保护的通知》（国土资规〔2018〕1号）文件精神，国土资源主管部门宜坚持耕地保护优先、数量质量并重的基本原则，通过耕地入选基本农田评价指标体系建设，根据耕地现状、质量、粮食的种植情况、土壤污染状况等，加强基本农田立地质量评估、区位条件分析和潜在威胁评价，将集中连片、质量等级高、土壤环境安全的优质耕地优先划入永久基本农田保护边界范围之内。一般是通过耕地综合质量分析和空间布局分析，以及对调整基本农田的合理分析和勘察，最终确定基本农田保护范围，确保基本农

[①] 永久基本农田保护红线相较于生态保护红线和城镇开发边界是最为成熟的线，在国土资源系统已有一套成熟高效的方法。在对接融合中存在的挑战主要在于规划时效带来的动态调转和补划。

田空间布局稳定、总体数量不减少、整体质量不降低（图6-3）。①

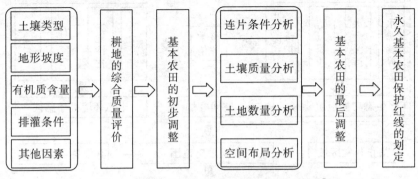

图6-3　基本农田保护红线划定技术路线图②

（2）生态保护红线。生态保护红线作为国家生态安全的底线和生命线，是促进区域可持续发展和维持人类社会生存发展必须严格管理的生态保护边界线，具有特殊的生态保护功能。

从生态保护红线的演变历程来看，2011年国务院首次提出"生态红线"；2012年环境保护部编制出版《生态红线划定技术指南（初稿）》，并开展划定试点；2015年新环保法将生态红线的划定首次写入法律；2017年环境保护部、国家发展和改革委员会联合发布《生态保护红线划定指南》，环境保护部门成为事实上的主管部门。③从操作层面来看，环保部门宜从生态环境本底出发，在科学评估国土空间生态功能重要性和生态敏感性的基础上，按照保护优先、谨慎开发、从严管控的原则，统筹城建、国土、林业、水利和农业等各部门规划的生态保护界线，划定重要生态功能区、生态敏感区、生态脆弱区和潜在重要生态价值区域，将自然保护区（核心区）、一级水源保护区、重要河流水系、基本农田及生态廊道、生态林地、水库、湿地及具有生态保护价值的滨海陆域、城市公共绿地及防护绿地等划入生态控制线范围，构建稳定的生态安全格局，确保生态功能有提升、生态面积不减少、土地性质不改变（图6-4）。④

---

① 截至2019年底，全国已划定永久基本农田15.5亿亩，已上图入库、落地到户。

② 张冬：《"三区三线"的划定方法及技术路径——市县国土空间规划》，https://max.book118.com/html/2019/0720/6204130012002050.shtm。

③ 在部门机构改革的进程中，部分省市成立的新林草部门成为事实上的生态空间建设管理主体（参见党双忍：《生态空间理论与陕西实践》，http://www.sx-dj.gov.cn/a/tjzx/20191009/9933.shtml）。

④ 截至2019年底，京津冀、长江经济带11省市和宁夏回族自治区共15省（区、市）生态保护红线划定方案已经国务院批准，尚未形成统一的划分标准，存在范围不准、边界不清、交叉重叠等现象，生态保护红线与永久基本农田、城镇开发边界之间的冲突仍较明显。

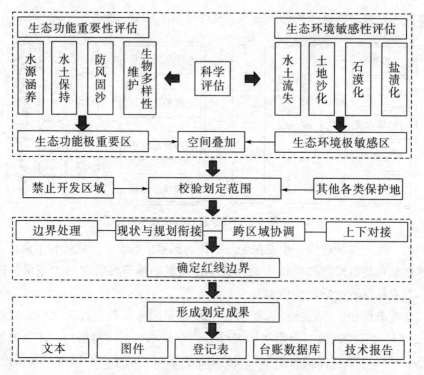

图6-4 生态保护红线划定技术路线图

资料来源：《生态保护红线划定指南》

（3）城镇开发边界。城镇开发边界即城镇增长边界，是一定时期内，允许进行城镇开发和集中建设的地域空间边界，是协调经济增长与空间扩张的资源保护性矛盾、提高城市发展质量、限制城市无序蔓延而划定的城镇开发边界线。[①]

目前，城市开发边界尚无明确统一的边界划定技术导则，但由住建部门划定和管理城市开发边界已成业内共识。宜遵循"紧凑布局、集约高效"的原则，以城市发展研判为基础，结合建设用地规模约束性指标和城市用地布局结构，通过对城乡建设用地区位条件、开发建设现状、人居环境、城乡统筹、城镇发展阶段、承载能力等评价，综合考虑国民经济社会发展重大项目、产业园区、重点发展区域和城镇体系布局，明确城乡建设用地开发时序、规模与强

① 石坚、车冠琼：《"多规合一"背景下城市增长边界划定与管理实施探讨》，《广西社会科学》，2017年第11期，第147～150页。

度,划定城市开发边界。[①] 同时,在城镇开发边界内,可进一步按照环境承载力和经济发展需求,明晰产业区块控制边界,并加强未来产业集聚发展的空间区域布局,预留城市发展空间,科学划定弹性边界(图6—5)。[②]

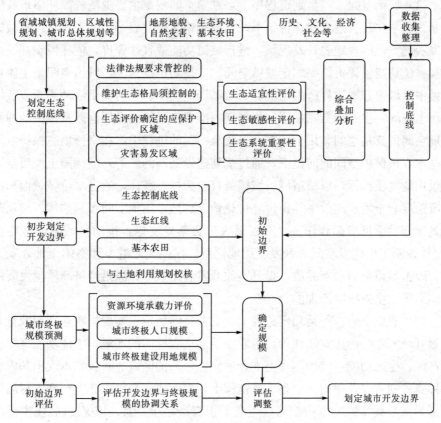

图6—5 城镇开发边界划定技术路线[③]

资料来源:以四川《城市开发边界划定导则》为参考

2. "三区"的界定

三大区域空间是国土空间体系的载体,涵盖人类地球活动的方方面面。通

---

① 程永辉、刘科伟、赵丹等:《"多规合一"下城市开发边界划定的若干问题探讨》,《城市发展研究》,2015年第7期,第52~57页。

② 相关数据表明,截至2019年底我国北京、沈阳、上海等14个城市的开发边界划定已基本完成。

③ 《国土空间规划中的三区三线划定方法、流程及案例》,http://www.doc88.com/p－6458786489103.html。

过资源环境承载能力评价和国土空间开发适宜性评价,推进"多规合一"城镇、农业、生态三大空间的精准划分,落实空间范围,加强开发与保护并重,提升空间功能与品质,打造多规融合发展的可持续空间发展格局。

(1)城镇空间。一是划定程序上,城镇空间划定主要围绕资源环境承载能力和国土空间开发适宜性评价结果,根据战略区位发展态势、工业化以及城镇化发展趋势,结合地表开发现状,进行城镇功能适宜性评价,依托城镇开发边界和城镇功能性评价结果划定城镇空间。二是划定范围上,城镇空间是主体功能区中以城镇开发边界所限定的,为城镇居民生产、生活提供活动场所或载体的国土空间,主要包括建成区、规划期内准备拓展的建设用地以及预留的弹性发展空间。三是空间利用上,在"多规合一"的进程中,在坚持生态保护空间和基本农田保护空间的前提下,通过规划建设部门的统筹,围绕国土城镇空间建设用地规模指标,以城市群、城镇带打造为核心载体,通过单位城镇面积的投资强度和土地产出效率等评价,优化地上、地下用地空间布局结构,细化落实具体开发项目指标和任务,夯实重大项目落地支撑,推动区域发展战略实施。[①]控制工矿建设空间和开发区用地比例,挖掘土地潜力和空闲土地处置力度,改善城镇空间功能品质,提升空间开发利用效率,满足经济高质量发展的空间需求,增强空间治理能力。

(2)农业空间。一是划定路径上,农业空间划定主要根据农业资源数量和质量开展农业功能适宜性评价,将农业功能适宜性高的区域、主体功能区粮食主产区、生态功能适宜性不高但农业适宜性较高的区域、永久基本农田和农村居民点等划入农业空间。二是主要范围上,农业空间是以农业生产和农村居民生活为核心载体的主体功能区,主要承担农产品生产加工和农村居住生活功能,包括永久基本农田保护区、一般农田、改良草地、人工草地、园林、其他农用地及村庄等农村生活用地。三是开发保护上,围绕农业现代化目标和乡村振兴战略,国土资源部门应大力推进基本农田、耕地整理与后备耕地资源的开发,着力提升耕地质量;加强乡村规划,统筹考虑农村居民点用地,合理引导乡村居民相对集中居住;推进撤村并镇改革,促进自然村落的适度合并,加强空心村、旧村庄、独立废弃工矿用地的整理复垦,提高土地利用效率。

(3)生态空间。一是划定程序上,主要围绕资源环境承载能力、国土空间开发的适宜性、生态空间生态服务功能和生态敏感性等综合评价,根据生态功

---

① 王晓、张璐、胡秋红等:《"多规合一"的空间管治分区体系构建》,《中国环境管理》,2016年第3期,第21~24、64页。

能的适宜性评价结果和生态保护红线划定生态空间。二是主要范围上，生态空间主要是以提供生态服务或生态产品供给为核心的主体功能区，是保障生态安全、实现城乡可持续发展的重要空间载体，主要涵盖森林、草原、湿地、河流、湖泊、滩涂、荒地、荒漠、戈壁、冰川、高山冻原、无居民海岛等生态红线保护区域和自然保护区、重要湿地、水源地保护区和生态公益林等重要生态功能区。三是保护利用上，要充分发挥生态环保部门的主导作用，重点关注生态服务功能维护、生态修复和建设、生态脆弱区灾害风险防范，加强农业生态系统健康维护、土壤污染治理、农村生活污水治理，着力应对城镇"三废"及环境污染风险事故等。① 同林业、水利等部门制定生态空间建设与环境保护规划，细化生态保护空间的布局和管制，注重生态产品的有序开发。

四、加强空间格局对接

在优化空间开发格局、着力完善"三区三线"的基础上，加强城镇空间、产业空间和项目空间对接，确保"多规合一"试点改革"一张蓝图"绘到底。

（一）加强城镇空间的对接

以城镇发展潜力和资源环境承载能力评价为基础，加强各类规划城镇空间体系的对接。一是注重国土空间对城镇发展边界的控制约束和建设用地指标的规模对接，合理控制城市的开发范围，提升城镇土地资源利用效率。二是加强城镇体系格局的对接，促进从核心增长极—城镇发展轴—城镇发展带，乃至湾区经济带、城市群、城镇群等的协调和统一；同时，在详规中推进新村居民点、特色小城镇布局等的统筹和协调。三是加强城镇内部生态空间与生态保护环境规划的对接，明晰森林、湿地与湖库水域等的空间布局、规模结构和建设任务，实现图斑冲突的协调和整合。

（二）加强产业空间的对接

依托产业发展基础、资源禀赋及产业发展趋势，加强经济社会发展规划、土地利用规划、城乡建设规划、产业发展专项规划等对接和整合，使重点产业发展项目布局、重点工业园区建设、产业集群打造、特色产业发展带培育等与产业发展空间布局相统一；加强产业发展空间与乡村振兴战略、城乡融合发展

---

① 罗以灿：《基于"三层四线"的"多规合一"管理平台建设》，《西部大开发》，2015 年第 4 期，第 84～89 页。

规划的统筹和协调。在加强生态产品供给和生态服务供给的同时，注重与农业农村规划、生态环境保护空间规划的统筹和协调，实现保护性开发。

（三）加强重点项目的对接

重点项目是规划落实的载体，围绕重点项目的生成和对接也是"多规合一"改革的关键环节。通过"多规合一"信息平台的整合，瞄准基础设施互联互通、现代产业体系构建、宜居宜业优质圈层打造等关键领域，加强发改与国土、城镇、生态环保等空间规划部门的对接，综合评判项目可行性，谋划招引一批好项目，集成规划一批标志性项目，高效落地一批项目。逐步形成一套"项目规划统筹、项目立项审批、项目要素保障、项目资金平衡、项目组织实施、项目督办评估"的成熟机制，实现"多规合一"项目生成、可落地实施的有效衔接，提升项目实施效率。

第四节　信息平台的整合

统一衔接的"多规合一"信息平台既是推进多规联动的枢纽，也是实现"一张蓝图"融合发展的核心载体。针对我国规划体系中各层级规划成果形式多样、层级不统一、信息不对称、业务不协同、信息资源分散、数字化程度低、信息共享困难等现实问题[1]，以现代信息技术和网络技术为依托，通过地理信息集成分析，数据传输的数字化、网络化、智能化平台建设，为"多规合一"的在线协商、成果信息共享、行政审批制度改革及管理体制改革等提供技术支撑和信息服务。

一、信息平台的框架建构

根据国内各地"多规合一"试点工作经验，在绘就"多规合一""一张蓝图"的进程中，结合"放管服"项目审批制度改革趋势，围绕"多规合一"的改革成果、审批业务流程的重塑，加快"1+N"信息平台的框架格局建构。

---

[1]　陈善华、何华：《多规合一数据管理与应用平台建设研究》，《地理空间信息》，2017 年第 12 期，第 35～38 页。

（一）"1"个平台

"1"个平台即一个"多规合一"的公共信息平台，是集统一基础地理信息库、统一规划编制底图、统一联动共享机制、统一审批服务等功能于一体的信息联动集成载体，实现各部门、各系统规划立项、规划编制、规划审查及项目审批管理等的实时对接。[①]

（二）"N"个系统

"N"个系统即指涵盖发改、国土、城建、经信、农业、环保、交通等部门业务子系统，通过基础数据接口的访问或查询直接获取统一信息平台中的相关规划编制底图及各类空间数据，并可同步录入部门规划和关联审批信息，实现信息共享和成果叠加。

二、信息平台数据库建设

"多规合一"信息平台的构建亟须一套统一标准的基础地理数据库、规划专业数据库以及业务成果数据库作为支撑，确保"多规合一"数据的量化动态分析、统计决策和综合服务能力的实现。

（一）加强基础信息数据库建设

围绕基础数据选取、多规用地分类、土地差异处理、坐标标准对接等空间信息数据和基础图件构建涵盖地理信息数据、航拍卫星数据、区域规划管理、工程项目审批相关基础资料的规划融合类基础数据库，解决规划标准不一、区域条块分割、衔接不畅的基本问题，是"多规合一"信息平台建设的核心和基础。

（二）健全专项规划数据库体系

专项规划数据主要指各专项规划的现状数据和规划数据，包括经济社会发展规划、土地利用总体规划、城乡发展规划、生态环境保护规划等重要成果数据，以及基础设施建设规划数据、人口信息基础数据、医疗教育公共服务专项数据、文物资源保护数据和环境卫生数据等专项信息。健全专题规划数据库体

---

① 周世锋：《围绕六个统一　推进"多规合一"》，《浙江经济》，2015 年第 10 期，第 39~41 页。

系，有利于推动专业规划地理空间信息与公共品供给信息资源的整合，逐步建立统一的地理空间综合信息数据库。

（三）完善业务项目数据库管理

业务项目数据库主要指建立以重点专项建设和重点地区开发为载体的数据库，围绕项目建设要求，记录重大项目立项、用地选址、用地许可、工程规划许可、施工许可和项目进度等基本信息，以及项目申报、项目审批、项目批建和项目竣工验收等行政管理信息，为"多规合一"试点改革与政务审批系统、各职能部门业务管理系统的有机融合构建可联动操作的专业数据库。①

三、信息平台的体系搭建

"多规合一"信息平台是推进多规融合机制改革和"放管服"行政管理体制改革的关键载体，是数据库对接融入和部门管理职能联动运行的重要基石，既要加强统一信息平台的建设，又要加强业务端口对接通道建设，搭建信息互通、资源共享、无缝衔接的平台体系。

（一）搭建公共信息平台

公共信息平台是"多规合一"空间协调和空间规划管理的重要载体，依托大数据平台和智慧城市系统，结合部门数据库，叠合"土地利用总体规划""主体功能区规划""城乡建设规划""生态环境保护规划""历史文化名城保护规划""重点项目建设"等基础地理信息、规划成果信息、审批监管信息，打造一个集后台基础数据库、统一规划编制平台、统一规划审批信息查询平台和辅助决策系统于一体的空间规划管理信息系统，促进专业基础数据、专题规划、审批项目等信息的有机融合，实现功能区块、数据、信息动态共享、交换与更新，提高规划的统筹性、数据的准确性和决策的科学性。②

（二）加强联动体系建设

以公共信息平台为核心，以各业务子系统为基础，加强各部门现有信息化

---

① 陈善华、何华：《多规合一数据管理与应用平台建设研究》，《地理空间信息》，2017 年第 12 期，第 35～38 页。

② 陈善华、何华：《多规合一数据管理与应用平台建设研究》，《地理空间信息》，2017 年第 12 期，第 35～38 页。

成果的改造或新建，通过端口控制线在部门规划编制和项目审批业务上进行对接植入，打通"多规合一"信息管理汇通机制，直接获取公共信息平台基础数据，并在权限范围内对其他部门上传的相关信息进行访问查询，并实时将本部门的规划编制和审批、项目立项选址和审批、土地储备和土地报批、用地审核和项目后续管理、环保监测和评价等信息录入数据库，供其他部门调用，真正实现各部门之间的信息联动和审批决策的协同办理，搭建统一的多规信息联动平台，为实现"多规合一"融合发展、现代"智慧城市"建设、"放管服"行政改革等提供强有力的信息技术支撑。[1][2]

四、信息平台的实际运用

通过"多规合一"试点功能的整合，信息平台的项目生成能力、空间治理能力和"放管服"行政改革执行力得到强化和提升，可确保多规融合机制下"全局性、综合性、战略性"目标的顺利实现。

（一）提升项目生成能力[3]

以"多规合一"公共信息平台为载体，聚焦"一张蓝图"，通过平台联动机制，加强发改、国土、城建等多部门的协同协调。以规划内容项目化为抓手，促使空间规划部门、财政部门等提前介入项目生成流程，促进项目建设计划与经济发展规划、空间规划评估和资金预算投放安排的统筹协调，有效引导项目工程建设时序与城乡空间资源配置、土地供应计划、资金投放领域相协同，增强生成项目的可落地性、可实施性和后续审批的便利性，创新"一张蓝图"统筹项目生成机制，充分落实政府空间发展意图。[4][5]

传统项目生成机制与"一张蓝图"统筹项目生成机制的比较见表6-2。

---

① 黄勇、周世锋、王琳等：《用主体功能区规划统领各类空间性规划——推进"多规合一"可供选择的解决方案》，《全球化》，2018年第4期，第75～88，134页。

② 朱江、尹向东：《城市空间规划的"多规合一"与协调机制》，《时空探微》，2016年第4期，第58～61页。

③ 在项目审批制度程序中，"项目生成"即项目前期的管理是项目审批全流程的首要环节。

④ 徐旭、张海龙、周樟垠等：《"一张蓝图"统筹项目生成机制探究——以重庆市南岸区为例》，《规划师》，2019年第24期，第29～35页。

⑤ 厦门市人民政府：《厦门市"多规合一"建设项目生成方案》，2014。

表 6-2　传统项目生成机制与"一张蓝图"统筹项目生成机制的比较①

	传统项目生成机制	"一张蓝图"统筹项目生成机制
牵头部门	发展改革部门牵头,其他相关部门参与	发展改革部门、空间规划部门共同谋划,强调空间规划部门前期介入
工作流程	各部门根据自身诉求策划,自下而上地申报,发展改革部门整合后上报,政府审议通过并发文	自上而下、自下而上同时兼顾,利用"规划实施评估全面摸清家底—查找突出问题—提出改善策略—形成改善措施—措施项目化"的思路,修改完善后整合上报,政府审议通过并发文
成果形式	项目清单"一张图"	项目布局"一张图"、项目清单"一张表"

(二) 提升空间治理能力

在部门空间信息互通和信息共享的基础上,伴随大数据云平台空间信息技术的发展,以公共信息平台载体为基础,围绕多规融合空间统筹的全局性和同一地块空间属性的同一性,通过国家地理数据的整合、航天航空遥感和地面调查的一体化观测、现代测绘地理信息技术规划空间落地情况的不间断监测,从而保障规划实施的有效核对和及时校正,实现空间信息的动态统一和实时共享,有利于大幅提升空间治理建设能力。②

(三) 提升政务审批能力

通过"多规合一"业务协同平台的审批联动功能,全面推进"放管服"改革,深入实施项目生成、项目审批、项目服务的流程改革,将"多规合一"策划生成项目直接推送并联审批平台。同时,简化报批程序,强化"一站式"服务功能,深入推进项目审批全方位、全流程再造,确保项目选址、用地、投资、环保一体化审批,逐步实现"多审合一""多批合一"和"多验合一"的改革目标,切实优化审批流程,不断提升并联审批效率和政务服务能力。③

---

① 徐旭、张海龙、周樟垠等:《"一张蓝图"统筹项目生成机制探究——以重庆市南岸区为例》,《规划师》,2019 年第 24 期,第 29~35 页。

② 刘琪、罗会逸、王蓓:《国外成功经验对我国空间治理体系构建的启示》,《中国国土资源经济》,2018 年第 4 期,第 16~19、24 页。

③ 詹国彬:《"多规合一"改革的成效、挑战与路径选择——以嘉兴市为例》,《中国行政管理》,2017 年第 11 期,第 33~38 页。

第七章 "多规合一"的实施衔接机制

规划实施是落实"多规合一"规划目标、规划任务的关键步骤，是规划项目顺利落地的重要环节。加强"多规合一"试点进程中规划衔接管理、专规融合对接、空间协同管制、完善规划实施反馈和行政审批改革等实施机制建设，着力破除传统规划实施机制痼疾，确保多规融合创新改革的顺利推进。

第一节 构建统一衔接的管理机制

围绕"多规合一"试点改革要求，推动部门规划管理制度对接、融合和创新，探索构建统一衔接的规划管理机制，确保规划编制顺畅、不折不扣落地实施。

一、加快推进规划机构职能改革

改变"运动式"组建临时性规划领导小组传统做法，着力推动规划机构改革和职能配套改革。短期内，尽管国家已经在空间规划改革上成立了以自然资源部为主管单位的大部制，并实现了相关规划职能的划转；但从多规分裂现状及规划融合的长远角度看，既缺乏法定的《规划法》来梳理规划体系和规划职能，也缺乏相关管理机构来推动规划的统筹、规划对接、规划审核及实施监督等。因此，在"多规合一"的试点改革阶段，宜在条件允许的前提下，以试点推进相关空间规划机构职能整合为基础，成立规划领导常设机构，合并规委会职能，加强规划协调统筹功能，促进规划计划、立项、编制、衔接、评审、分布、实施、评估等流程的系统化、规范化，实现"一本规划、一套流程、一套机制"的改革愿景。

二、构建部门规划联动协同机制

围绕"一张蓝图"的规划目标，主张在"多规合一"信息业务协同平台载体建设的基础上，建立规划编制、信息对接、项目审批和规划执行等联动协同机制。组织形式上，成立规划协调委员会，建立规划协商机制，对规划涉及的重大问题，通过联席会议、专题讨论等形式共同研究、集体磋商并提出解决方案。规划编制上，按照规划整合的原则和程序，通过"三区三线"管控、法定图则和重点项目的整合判读机制，梳理规划成果，协调解决核心冲突和矛盾，力促规划协调统一。[①] 业务流程上，建立项目联合预审与业务协同机制，通过"多规合一"平台开展项目生成策划和审批协同对接，实现项目审批信息共享、审批环节跟踪和审批节点控制的同步联动，提高行政审批效率。[②] 规划执行上，建立规划实施互动反馈机制，对规划实施中遇到的核心问题，实施主体实时评估汇总上报，并由规划协调委员会协同调整处理，确保规划"一张蓝图"干到底。

三、创新规划审批行政层级体制

改变传统专项规划纵向审批割裂机制，创新探索规划成果审批制度。主张在地方规划委员会统筹核定的前提下，报地方人民代表大会审议后提交上级人民政府公开发布，提高"多规合一"试点规划的法律地位。同时，逐步下放国土空间规划、城市总体规划、环境保护规划等专项规划的审批权，赋予地方规划委员会统筹核定权和地方政府审批权，确保地方规划空间分布、规划内容、规划项目的一致性和合规性，增强地方政府规划的自主权、统筹权和决策权，形成合理、灵活的审批制度，提高地方政府执行效力。[③]

---

① 孟鹏、冯广京、吴大放等：《"多规冲突"根源与"多规融合"原则——基于"土地利用冲突与'多规融合'研讨会"的思考》，《中国土地科学》，2015年第8期，第3~9，72页。

② 王唯山、魏立军：《厦门市"多规合一"实践的探索与思考》，《规划师》，2015年第2期，第46~51页。

③ 李志启：《总书记点赞开化"多规合一"试点经验——浙江省发展规划研究院为开化县"多规合一"试点匠心绘蓝图》，《中国工程咨询》，2016年第7期，第10~14页。

第二节 规范专规融合的对接机制

围绕"多规合一"总体规划，积极推动专业规划相关重点领域的精准对接和优化调整，以图斑重叠、边界不清、编制错位等问题为中心，开展专项规划的编修工作，保障总体规划高效落实。

一、图斑重叠的对接处理

鉴于各类空间性规划体系的局限性，各类规划用地分类上尚无法实现全域的分类衔接，亟待加强重叠图斑的对接和管理，明确图斑冲突的协调处理机制和解决方案。对位于城镇开发边界范围外建设用地，应逐步调整为非建设用地。新增建设用地原则上全安排在城镇开发边界范围内，优先将图斑冲突用地调整为建设用地。将城区高等别耕地、集中连片耕地、已验收合格的土地整理复垦开发为新增的优质耕地，优先划为基本农田。生态保护红线内已建和在建的资源开发项目，严格按照主管部门依法批复的建设要求和规模进行控制。[1]在耕地与林地交叉重叠区域，有确切依据为耕地，但生长着林木且可达到森林标准的有林地甚至基本农田的，一般认定为规划林地，不再划为耕地或基本农田。城镇建制范围内，达到森林或灌木林标准的土地，但林下为硬化土地的，不纳入林地范围。对于因区划尺度不同或行政界线发生变化的，原则上根据现地情况或民政部门资料进行修正。多年撂荒耕地，需工程措施才能恢复耕种的，可划入灌木林地；如不需工程实施即可复耕的，仍应划为耕地。[2]

二、开发边界的散乱处理

在传统规划体系下，基于规模边界、用地权属、目标指标、分区管控、开发时序和规划管理等矛盾冲突形成的开发散乱现象是"多规合一"空间对接调整的重要内容。构建生态红线偏差的纠正机制，对生态红线区内已经出让的建设用地，除必要的基础设施和服务设施外，着力解决插花式、破碎式已出让建

---

① 刘海、黄昕、张倩倩：《国土空间规划差异图斑处理方法探析——以广东省廉江市为例》，https://www.sohu.com/a/311968035_275005。
② 刘阳、王洴、黄朝明：《海南省"多规融合"技术方法的实践探索》，《中国国土资源经济》，2018年第5期，第30~34，58页。

设用地的置换和回收整治力度，重点项目新增建设用地需避开生态红线管制，优化用地空间布局。规范开发边界的核定机制，围绕现有城镇、新村聚居点、产业园区及旅游度假区严格划定城镇开发边界，提升开发边界修订的审核级别，杜绝随意更改或新设开发边界。[①] 着力推进行政区划与相关红线边界的统一，加强跨区域生态红线的对接与整合，以推进河流、保护区和自然生境等联防联控机制的建立。

三、专规编制的同步处理

在推进多规融合的进程中，充分利用空间规划管控及红线体系，加强对专项规划编制的指导约束作用，通过规划信息平台沟通协调功能，实现专项规划编制的同步对接和及时处理。大力推进空间规划与多规融合规划的同步编制，既要体现多规融合规划在空间规划上的一致性，又要体现空间规划对多规融合规划的支撑性和引导性。着力推进尚在发挥作用的土地利用规划和城乡规划的同步修编，通过对接协调，确保城镇开发边界、永久基本农田保护红线及生态保护红线区域的有效衔接，保障生态管控范围与永久基本农田的真实性。强制推进空间规划、多规融合规划与控规数据的同步对接整合，通过空间数据的约束，梳理编制单元的控规成果，协调用地数据对接，保障空间数据的一致性。加快推进"多规合一"空间管理平台与政务信息综合服务平台的同步建设，深化行政审批"放管服"改革，实现审批数据的互联互通，提升规划落地的真实性、可靠性和管控的权威性。[②]

第三节 构建空间协同的管制体系

空间管制是分配空间开发权的政策工具[③]，"多规合一"的空间管控核心是要统一不同规划的空间管控类型，重塑统一的空间管治体系，促进空间管制范围的一致性、空间管制分工与空间管制政策的协同性、空间资源配置和开发

---

① 刘阳、王湃、黄朝明：《海南省"多规融合"技术方法的实践探索》，《中国国土资源经济》，2018年第5期，第30～34、58页。

② 万旭东：《市（县）"多规合一"信息平台建设方法与实践——以淮安市多规合一空间信息平台为例》，《江苏城市规划》，2018年第3期，第17～22页。

③ 蔡穗虹：《从空间管制角度谈对"多规合一"工作的思考》，《南方建筑》，2015年第4期，第15～19页。

时序的合理化,有效降低空间资源开发与保护的冲突,最终实现同一片空间上管控政策与管控体系的绝对匹配模式。[1]

一、建立明晰的管制分区体系

以"三区三线"为目标,对接统筹土地利用总体规划的"允许建设区、有条件建设区、限制建设区、禁止建设区"(土规"四区")、城乡规划的"适宜建设区、限制建设区、禁止建设区"(城规"三区")和生态环保规划的"聚居发展维护区、食物安全保障区、资源开发引导区、自然生态保留区、生态功能调节区"(生态环保"五区"),改变传统空间规划体制下的"单一目标管控"路径,强化三类空间的开发强度,制定"三区三线"的准入条件、基本要求,细化土地用途管制的基本程序和转化要求,逐步建构起以"三类空间开发保护"管控为骨架、"三区三线功能定位"管控为核心、"三大类型土地用途转换"管控为手段的空间管制综合分区体系,实现各类空间开发和保护行为的高效落地管控。[2][3]

二、落实主体责任的分工体系

根据"三区三线"的划定空间,围绕管控措施、开发强度、用地规模、保护界线等衡量标准,进一步细分空间管制区域,系统梳理各类保护法、保护条例及相关规划等管控条款,探索构建纵向贯通、横向联动、分区清晰的分工体系。首先注重保护与开发的不同诉求,捋清"三类空间"管控关系。"三类空间"的划定和管控不是简单的"瓜分地盘"及"分而治之",三类功能性空间地域,可交叉融合、相互转换。如草地、林地和水域既有生态功能,也有生产功能;特色休闲农业区、城中村等可划入城镇空间一体化统筹。其次建立二级管制分区细化制度,在控制线基础上,进一步划出自然保护区、基本农田区、风景名胜区、产业发展带、水源保护地、历史文化古街、特殊用地等二级管制区域,结合各职能部门的管辖范围,重新界定空间管制主体和法定程序,着力

---

① 袁磊、汤怡:《"多规合一"技术整合模式探讨》,《中国国土资源经济》,2015 年第 8 期,第 47~51 页。

② 《国家发展和改革委员会有关负责人就〈省级空间规划试点方案〉答记者问》,https://www.ndrc.gov.cn/xwdt/xwfb/201701/t20170110 _ 955305.html。

③ 王旭阳、黄征学:《他山之石:浙江开化空间规划的实践》,《城市发展研究》,2018 年第 3 期,第 26~31 页。

解决职能分散不清形成的"缺位""错位""抢位"等传统矛盾。[①] 再次,对"三类空间"所有开发行为进行差异化管控,建立开发许可管理制度和开发建设管控模式,探索结构管控、强度管控和用途管控等相结合的多元灵活管控方式。[②]

三、加强空间管制的政策协同

在多元化空间规划体系的现状下,纵向、横向空间管控政策相互矛盾,导致空间管控难以达到理想的目标。"多规合一"的试点整合,有利于加快空间管制的"划管合一",促进空间管制与管制政策的相互协调。围绕空间管制分区和控制红线的严格界定,调整完善土地、产业、环境、财税、人口等政策评价体系,梳理空间管制的差异性政策,加强空间管制政策的对接协同,重塑空间管制政策框架,建立空间规划、项目审批、土地批租、城镇建设、农业生产、生态保护等空间管理政策的统一协同机制,促进经济社会要素的合理流动,增强空间管控的可操作性和政策可执行力度,探索推进空间开发权的转移和补偿,强化政府空间管控职能的统筹,努力推动空间管制制度从技术化向制度化,由制度化向法制化的转变。[③] 以法律形式强化空间管制分区、管制主体、管制规则、修改程序,确保"多规合一"空间管制的法律效力。

第四节　完善规划实施的反馈机制

"多规合一"试点改革的效果最终取决于规划落地实施执行效果。围绕规划执行情况构建的有序评估、动态调整、规范修订等反馈机制是检验规划质量和规划执行效率的重要保障,不断推动从"重规划编制、轻规划执行"的传统路径向"重规划统筹、重执行联动"的"双重"路径转变。

---

① 蔡穗虹:《从空间管制角度谈对"多规合一"工作的思考》,《南方建筑》,2015 年第 4 期,第 15~19 页。

② 王玉虎、王颖、叶嵩:《总体规划改革中的全域空间管控研究和思考》,http://www.360doc. com/content/18/0917/18/32425336_787450721.shtml。

③ 蔡穗虹:《从空间管制角度谈对"多规合一"工作的思考》,《南方建筑》,2015 年第 4 期,第 15~19 页。

一、健全规划评估修编机制

围绕规划提出的主要目标、重点任务和政策举措开展定期的规划评估,建立常态化的规划评估机制,加强对约束性指标和主要预期性指标完成情况的综合分析评价,并对指标变化和出现的突出问题提出规划调整和规划修订意见。同时,建立健全规划年度计划评价、中期评估、总结评估和后评估机制的统筹协调。逐步健全规划修编机制,以国民经济和社会发展规划中期评估为基准,推动其他规划有效对接并做出相应的修编调整和统一,变过去各类规划"乱步走"为"齐步走"。[①] 建议空间规划、城镇规划、生态环境保护规划等专项规划在原有修编程序上进一步细化为年检、5 年修、中评、总评和后评等多时段动态调整机制[②],并通过"多规合一"的信息综合服务平台,实现调整修编信息的及时汇总、校核和公示,既要体现规划的灵活性,又要保障规划的严肃性。逐步探索构建规划绩效评估制度和后评估制度,促进规划体系不断成熟。

二、建立规划动态调整机制

动态调整机制是"多规合一"规划能够实现长效执行与灵活调整相融合的有力保障。针对局势变化和规划实施进程中出现的焦点问题、热点问题和趋势性问题,需要通过规划的形式及时加以确认,需要完善规划之间的动态调整和协调统一机制。本着"守住底线、动态平衡"的原则,以国土空间资源数据库和"多规合一"综合信息平台为载体,规范建立规划编制、规划实施动态监测机制和实时更新机制,进一步理顺国土空间布局的衔接与协调,加强"多规合一"边界叠加分析和差异比对,就图斑差异、指标调整、数据对接和范围偏差等提出修改建议并进入联动修改程序。[③] 重点落实城市开发边界的定期评估和动态修正,在不突破建设用地总量规模的刚性约束下,通过弹性调整满足城市发展对边界增长的需求。建立规划目标实施协同推进和矫正机制,加强目标体系的分解和对接,就目标执行中出现的偏差及时予以矫正,对出现的问题按照

---

① 许景权、沈迟、胡天新等:《构建我国空间规划体系的总体思路和主要任务》,《规划师》,2017 年第 2 期,第 5~11 页。

② 有学者建议各专项规划统一修编为五年一次(参见谢剑锋:《我国市县推进"多规合一"的探索及反思》,《环境保护》,2015 年第 Z1 期,第 31~36 页)。

③ 石坚、车冠琼:《"多规合一"背景下城市增长边界划定与管理实施探讨》,《广西社会科学》,2017 年第 11 期,第 147~150 页。

规定程序进行动态调整与实时修订,确保规划目标执行不走样,动态调整有更新。① 建立规划动态维护机制,及时对规划立项、规划编制、规划执行、规划评估等进程中存在的问题及缺陷进行有效核对,并推动相关部门工作进行及时修订和整改。②

三、建立规划实施反馈机制

以国土空间规划为基准,围绕"多规合一"规划体系的具体实施,建立完善规划落地实施的部门联动反馈机制。对国民经济发展规划、土地利用规划、城乡建设规划、环境保护规划及其他专项规划各项规划指标、重点任务和重点项目执行情况及实施效果等,建立常态化的评估机制,通过信息平台联动机制实时反馈规划执行情况。对不涉及核心指标等强制性内容进行微调的,经规划联动协调平台核准后上报规划领导小组或原审批机构备案。对涉及强制性内容或重大事项需调整规划的,组织开展部门联合审议和专题论证,通过联动协调平台综合讨论核准后向规划领导小组或原审批机构报送修改意见,经审议、公示等规范程序后,及时开展规划修订工作。同时,将规划修改情况同步反馈至综合信息平台,并对"一张蓝图"数据成果进行修正,以指导其他规划的协同修改和动态更新,切实提高规划执行效率,增强规划的适应性和实用性。③

第五节　开启行政审批的改革机制

行政审批制度改革是"多规合一"试点取得的重要成就。围绕规划编制、项目审批等重点领域,加快推进规划审批权限改革和重大事项行政审批制度改革,不断总结典型模式,提炼可复制推广的改革经验,着力构建权责清晰、效率高效、创新推进的行政审批新体制。

一、加快推进规划审批权限改革

以供给侧结构性改革为主线,加快推进规划审批制度改革,推动政府规划

---

① 《四大理念引领"多规合一"实践》,《中国环境管理》,2016 年第 3 期,第 18～20 页。

② 燕三义:《城市空间规划的"多规合一"与协调机制》,《建筑知识》,2017 年第 12 期,第 1～2 页。

③ 黄勇、周世锋、王琳等:《"多规合一"的基本理念与技术方法探索》,《规划师》,2016 年第 3 期,第 82～88 页。

职能的转变。一是合理调整规划事权。围绕规划的科学性和严肃性,加快建立与政府事权相匹配的规划审批权,给予地方政府更大的权限空间。① 在上级政府保留"顶层规划"战略和管控审批权限的前提下,逐步下放部分规划的审批权限,将耕地保有量、土地开发强度、基础设施建设与公共服务供给等地方发展规划下放给地方政府自行编制、审批和实施,实现地方需求与实施安排的统筹,确保地方政府在授权范围内能最大限度地实现自主发展。② 二是完善规划编制审批管理。加强同一空间规划成果和行政审批事项的融合,全面合并规划启动、编制和审批流程,统一实施主体、编制规则和成果格式,实现空间边界与空间管控政策等的协调一致。三是加强规划对接审核机制建设。强化规划分阶段目标乃至年度计划内容编制等在建设规划、土地资源利用、环境保护规划等空间发展需求重点内容方面的审核,确保规划编制整合和统筹实施的实现。③

二、逐步深化行政审批制度改革

以"多规合一"行政审批制度改革为契机,深化政府"放管服"改革。一是简化行政审批流程。加强管理制度创新,梳理前置审批事项,裁减不必要的审批环节,建立统一精简的规划审批流程和用地管理办事程序,将非行政许可审批事项调整为备案事项,推动行政审批向极简审批迈进。二是推广并联审批制度。充分利用"多规合一"综合信息平台,整合发改部门、自然资源部门、住建部门、环保部门等多个单位的审批信息和申报表格,构建"全流程覆盖、全方位服务"的综合审批体系,变传统的"1 对 N"串联式审批为"N 对 1"并联式审批,向"多审合一、多验合一"转变,向"一张表受理"和"一站式审批"转变,不断提高政府服务效能。④⑤ 三是创新项目审批改革。合并建设项目行政许可事项,实施选址意见书、土地预审、地名申请同步,建设用地规

---

① 许景权、沈迟、胡天新等:《构建我国空间规划体系的总体思路和主要任务》,《规划师》,2017 年第 2 期,第 5~11 页。

② 黄勇、周世锋、王琳等:《"多规合一"的基本理念与技术方法探索》,《规划师》,2016 年第 3 期,第 82~88 页。

③ 熊健、范宇、金岚:《从"两规合一"到"多规合一"——上海城乡空间治理方式改革与创新》,《城市规划》,2017 年第 8 期,第 29~37 页。

④ 徐青、钟玲、朱钰岱旭:《整体性治理视角下"多规合一"实现路径的构建》,《贵州社会科学》,2017 年第 7 期,第 134~139 页。

⑤ 柳昌林、周慧敏:《全省"一盘棋"——"多规合一"引领海南深化改革》,《经济参考报》,2018 年 2 月 9 日第 5 版。

划许可证、用地审批同步，划拨决定书、建设用地批准书、建设工程规划许可证同步，规划验收、地名核查、土地核验和档案验收同步。[①] 探索推进海南省产业园区具体项目"零审批"制度，以园区"多规合一"规划取代单个项目立项审批，以园区综合评估评审取代单个项目立项、选址和评估评审等，最大限度加快项目建设进度。[②] 四是建立审批改革综合评估机制。通过组织专家现场踏勘、实地调研、充分论证等方式，构建完善的重大审批事项事前咨询机制，提升重大事项审批的科学性、合规性；健全行政审批事项跟踪调整机制，明确审核主体责任，强化对审批事项的长期负责制，及时跟踪审批事项落地执行情况，并不断反馈、优化和调整。逐步建立行政审批改革事后评估机制，组织第三方机构对改革成效进行综合评估，促进行政审批更具科学性、更有效率性。[③]

三、推动完善中介监管审批制度

严格推行建设项目审批中介脱钩事项，破除"红顶中介"的利益关联，着力推动第三方中介的市场化行动，平等参与中介服务市场竞争。

促进行业主管部门加强中介机构的规范管理，制定行政审批中介服务行业规范标准、中介服务事项清单，加强行业自律，不断提升中介服务能力和技术水平。加快推进中介超市建设，大力培育综合性中介服务机构，组建中介联合体，探索中介联合服务模式，加大中介超市的数字化进程，着力构建"网上中介超市"平台，实现项目审批服务数据交换的自动化对接。

推行建设项目随机抽查监管制度，严查项目生成进程中的中介失职、违法等问题，加快建立中介机构诚信体系与"黑名单"失信惩戒制度，强化中介机构的信用监管，建立建设项目参与者违法名单制度，不断提升审批中介服务市场的开放程度，推动行政审批中介服务市场的健康发展。

---

① 熊健、范宇、金岚：《从"两规合一"到"多规合一"——上海城乡空间治理方式改革与创新》，《城市规划》，2017年第8期，第29~37页。

② 林明华：《以"多规合一"推进行政审批制度改革——厦门的实践与思考》，《厦门特区党校学报》，2017年第1期，第68~73页。

③ 林明华：《以"多规合一"推进行政审批制度改革——厦门的实践与思考》，《厦门特区党校学报》，2017年第1期，第68~73页。

第八章 "多规合一"的保障融合机制

保障机制是确保"多规合一"试点改革顺利推进的关键举措。围绕"多规合一"改革发展的不同阶段性需求，从组织建设、综合考核、多元参与、监督实施、法制保障等方面不断完善、融合和强化，为规划变革突破、规划体系完善、规划引领下的高质量发展等保驾护航。

第一节 强化组织保障建设

组织保障是推进"多规合一"试点、促进多规融合的重要环节。伴随规划机构改革的不断演化，急需在规划部门合并和试点进程中逐步健全组织机制，完善组织协调功能，形成强有力的组织保障。

一、完善空间规划大部制改革

本轮国务院空间规划职能的整合，把国家发展和改革委员会主体功能区规划职责、住建部城乡规划管理职责和国土部的土地规划等划入新成立的自然资源部，由其统一国土空间管控职责，建立统一的空间规划体系。从部门整合的角度看，需逐步深化空间规划机构改革，围绕国土空间的统筹协调，调整部门权利，加快规划机构、规划权责、规划内容的重构。从组织建构的角度看，应加快法定授权步伐，明晰国家、省、市空间规划范围、重要指标分解和规划审批权限，科学设置空间规划纵向部门的职能职责，建立垂直管理体制的空间规划管理机构，统筹空间规划的编制、管理和督察。从"多规合一"的角度看，在遵从自然资源部门空间规划法定地位的基础上，进一步捋清与发改、住建、环保、交通等相关规划部门的组织协同关系，建立保障规划衔接协调的技术标准、信息平台和管理机制，实现空间规划与其他综合规划、各专项规划之间的相互贯通、相互融合。①

二、组建强有力的组织体系

从"多规合一"试点情况看，构建跨部门边界的组织机构和领导小组成为试点中的普遍做法。在规划法律法规和专门组织机构缺失的空档期，推进多规融合发展不但需要强而有力的常设性领导机构，而且需要从制度建设的层面逐步完善组织机制，给予规划试点改革规范系统的组织保障。

(一)建立常设性领导机构

鉴于"多规合一"试点在实施中存在的诸如"交叉冲突""利益纷争""执法困境"等客观问题，没有一个强而有力的领导机构去牵头、组织和督促实施，全方位的多规整合则很难在短期内取得理想的试点效果。笔者认为，有必要在科学总结各地领导机构设置的基础上，从规划保障体系建设的角度，以自然资源部门空间规划体系完善为契机，建立涵盖空间规划的多规融合型常设领导机构和办公机构，从指导、督促、考核等环节明晰主要领导和分管领导的工作职责，强化其对空间规划整合推进的指导功能、综合规划与专项规划衔接的督促功能、规划落地有效实施的考核功能，切实保障"多规融合"改革的有序推进。

(二)构建系统性组织机制

立足常设性领导机构和办公机构的基本职能职责，建立健全推进规划融合的相关制度。一是要围绕"多规合一"的基础要件，规范规划思路、主体框架、基本原则、技术规程等衔接程序，搭建规范系统的对接机制。二是要围绕"多规合一"的协调环节，制定规划机构设置、规划标准对接、规划内容整合和信息平台建设等实施细则，构建有效衔接的协调机制。三是围绕"多规合一"的落地实施，加强规划统筹管理、专规融合对接、空间协同管制、规划实施反馈、行政审批改革等规则建设，构建高效实施的衔接机制。四是围绕"多规合一"的后期支撑，完善规划综合考核、多元主体参与、审查执法监管、地方法规支撑等制度安排，构建保障有力的融合机制。

---

① 张克：《"多规合一"背景下地方规划体制改革探析》，《行政管理改革》，2017 年第 5 期，第 30～34 页。

第二节　建立综合考核机制

毋庸置疑，"多规合一"空间规划体系下的"三区三线"的划定，不仅强化了生态文明思想，也彰显了可持续发展理念在规划中的具体体现，也促使考核机制从单纯的 GDP 衡量体系向经济、社会、生态和政治等综合考核体系的转变。

一、完善综合考核指标体系

考核评价体系是引领经济社会发展的"指挥棒""风向标"。[①] 围绕"多规合一"的主要宗旨和核心内容，既看发展又看基础，既看显绩又看潜绩[②]，在原有国民经济核算基础上，从整体效益、长远后劲等角度，科学设置与规划实施相匹配的综合考核指标体系。加强空间整合、图斑调整、边界协调、数据对接、标准统一、项目统筹、平台融合等核心指标的考核力度，大幅增加资源消耗、环境损害、生态效益、农田保护、扶贫开发、安全应急、公共服务等考核指标权重，重视质量指标、效益指标和民生指标等关键要素，构建经济绩效、社会绩效、生态绩效、政治绩效等综合考核体系。强化指标管控和约束功能，根据主体功能差异，实行差别化的考核制度，逐步摈弃唯经济增长论英雄的传统考核机制。

二、健全综合指标考核机制

以综合考核指标体系为核心，建立健全多规融合的联动考核机制。组织机制上，建立纵向考核领导小组，自上而下层层分解和落实目标任务，围绕事关全局的长远发展目标、重要指标和重大项目进行重点考核，落实规划执行任务。考核方式上，围绕规划融合贯彻落实情况，加强部门联动和第三方评价的有机结合，通过"年度、中期和终期考评"＋"抽查"等办法，将任务完成情况与目标考核绩效评价相挂钩，确保规划目标执行情况得到客观反映和真正实

---

① 朱启贵：《全面深化改革视野下的评价机制设计》，http://theory.people.com.cn/n/2014/1202/c388580-26131158.html。

② 习近平：《建设宏大高素质干部队伍　确保党始终成为坚强领导核心》，http://cpc.people.com.cn/n/2013/0630/c64094-22020855.html。

现。考核类别上，坚持"同类同考"，将基础条件相同、区域条件相似、经济体量相当、主体功能一致的地区和部门设置在同一考核序列，一个规则定位次、一把尺子量高低、一套体系评优劣，做到评价的科学性和合理性。[①]

三、深化综合考核结果运用

加强"多规合一"考核指标和绩效考核体系的成果运用，建立健全"奖优罚劣、奖勤罚懒、奖先罚后"的奖惩机制，作为各级部门、各级领导干部对规划执行的综合考核、绩效评价、单位评比和干部选拔任用的重要依据。从正向角度看，完善激励机制，切实将考核结果与项目安排、资金补助、职级升迁等挂钩，逐步建立以业绩评等次、以等次定奖励的激励体系。从反向角度看，建立规划执行负面记录和惩戒制度，对目标责任不落实、实施进度落后地区、部门和人员的实施不力情况记录在案、通报批评、约谈诫勉，从而起到倒逼加压、惩戒警示效应。从长远角度看，要在深化规划立法的基础上，逐步建立落实规划责任追究制度，将规划实施不作为、乱作为并造成严重后果的责任主体纳入责任追究体系，加大责任惩戒力度，严格问责，用惩戒机制倒逼规划刚性，维护规划的严肃性和权威性。

第三节　强化多元参与机制

立足全民办规划的民主进程，逐步构建多元主体参与的体制机制，搭建利于公众参与的各类协作平台，全面提升基层工作人员参与的业务能力，确保编制的透明度、参与度、包容度和执行力。

一、构建多元主体民主参与的体制机制

坚持"开门办规划"理念，在制度设计和实施机制上建构起涵盖政府、专家学者、企业主体、社会组织、普通市民等多元主体共同参与、协调治理的组织机制和实施机制，使"多规合一"规划成为凝聚全社会共识、加强多元利益协调、提高规划包容度、体现规划治理水平的重要集成。从法律层面看，要加

[①] 孟凡利：《建立健全考核、奖惩制度　用制度保障科学发展》，《人民日报》，2015年10月19日第7版。

快出台多元主体民主参与规划编制、规划制定、规划执行等环节的相关法规和条例，保障广大企业、社会组织和市民参与的基本权利；从行政管理看，要从"多规合一"规划编制、规划对接、规划实施等程序上制定多元主体民主参与的相关管理办法和执行规定，确保"开门办规划"理念的具体落实。从而，不断提升多规融合进程中全社会、全过程、全方位参与的公平性、民主性和科学性，增强规划编制的透明度、参与度和认同度，汇聚强大合力，切实推进规划治理体系建设，提升规划治理能力的现代化水平。

二、搭建多元主体有效参与的协作平台

坚持多元主体民主参与体制机制，积极搭建各种类型的协作平台，畅通公众参与渠道，使规划编制成为一个广纳民意、集中民智、凝聚民心的共建共治过程，确保实现公众规划的知情权、参与权和监督权，切实体现规划的民主性和透明性。一是规范建立规划编制信息发布平台和信息资源库，方便公众查询和知晓规划的编制类型、编制主体、编制重点和编制细则等具体信息。二是围绕规划编制重点，就公众（特别是开发企业、搬迁户等特殊利益相关者）关注的核心利益问题搭建咨询、对话交流平台，确保相关信息的畅通、公开和准确传达，广泛听取各方意见，提升规划编制的社会融合度和包容认可度，增强规划编制的民意基础。三是围绕规划重点内容、重大项目、重大举措等关键事项，大力引进听证制度，使受规划影响的相关多元主体能通过听证途径充分发表意见，平衡各方利益，从而形成公共利益和各相关主体利益最大化的最优化决策。

三、增强基层工作人员参与的业务能力

作为规划落实执行的重要主体，基层工作人员规划认知和业务能力决定了规划本身的执行效果。在多规融合的进程中，增强基层工作人员的综合素质成为当前推进的关键环节。一是加强"多规合一"理念认知的能力培养，从经济社会发展的需要、规划发展的趋势以及治理能力现代化等角度，统一和深化基层工作人员对规划试点改革和空间规划整合的认知，夯实规划执行的理论素养和主观能动性。二是定期或不定期开展业务能力培训，加强规划思路、规划标准、技术路径、"三区三线"、综合信息平台建设等关联业务内容培养，提升基础工作人员的综合业务素质，确保规划落实的工作质量。三是提升基层工作人员规划落地执行能力，赋予其规划执行监督权和规划修编的建议权，真正实现

多规融合成果的高效实施和动态完善。

第四节　健全实施监督机制

加强对规划编制、指标分解及执行状况的实时监督，开展对规划约束性指标、强制性指标的定期监督是"多规合一"规划目标和重点任务得以实现的重要保障。

一、向事中事后监管转变

进一步转变政府职能，系统推进相关部门建立健全规划所涉事项的事中事后监管实施方案、监管制度和长效机制，确保政府管理职能从事前审批向事中事后监管转变。从制度规定的角度出台规划许可后事中事后监管工作的相关规定，明确监管主体，细化监管程序，确保监管工作有法可依、有章可循。推进"双随机一公开"对规划事项事中事后监管的全覆盖，利用平台系统和日常巡检加强对"多规合一"执行情况的督查，建立起实时信息管控机制、系统集成机制和严肃问责机制，确保规划事项的落地落实、不走样。

二、向联合审查监管转变

通过"多规合一"综合服务信息平台，系统梳理和规范规划项目生成联合审查程序，构建多规联合审批制度，规避权力的过分集中和滥用，高度重视规划权力之间的平衡和内部约束，制定管理权力清单，强化配套审查责任机制。在规划委员会统筹协调下，从部门割裂状态下的分散监管向跨部门协同监管、合并监管、一体化监管模式转变，建立由政府部门、专家咨询机构、第三方权威评价机构和社会媒体监督等共同参与的多方联合监督考核机制，构建"全流程覆盖、全方位监管"的规划监管机制，提升政府空间管控能力和现代治理能力。

三、向综合执法监督转变

切实改变传统管理碎片化、多头交叉执法的乱象问题，以空间治理为核心，向部门协调一致的综合执法监督转变。同时，依托互联网、大数据、区块链技术，开展多部门常态化联合监督执法，逐步建立健全发改规划、国土规划、环境保护、城乡建设、城管执法、公安和监察等部门联动执法和协作配合机制。进一步理顺不同督查主体的权责分工和执法范围，避免督察事项重叠或存在盲区，积极开展日常督察、专项督察、例行督察、联合督察等，增强规划巡查工作[①]，对违反规划的行为严肃问责，提高规划监察执法的效率与成效，确保总体规划的权威性。[②]

第五节 完善法制保障体系

科学完善的法律法规是规划编制、实施的重要保障。针对"多规合一"试点暴露出的主要矛盾和改进方向，综合各地试点成果，加快推动法律法规的"立改废"工作，理顺各级各类规划之间的法律关系，真正实现"一本规划""一张蓝图"的发展夙愿。

一、近期确认"多规合一"成果法律地位

在不改变现行体制机制环境下，针对"多规合一"法律地位难以界定和相关法律法规缺失的窘境[③]，鼓励试点地区地方率先出台相关法规或行政规定、管理办法，将"多规合一"融合形成的永久基本农田保护红线、生态保护红线、城镇开发边界等控制线纳入地方立法条例，确保试点工作的顺利推进。[④]明晰"多规合一"空间管理主体、管控规则、修改程序，统一空间发展和用地布局，促进法定规划用地边界衔接一致，确立"多规合一"成果的法律地位。[⑤]在建设用地规模、城镇开发边界和生态保护等用地边界合一的基础上，及时启动"多规合一"配套法律法规联动修改工作，促进各专项法律法规之间

---

① 柳昌林、周慧敏：《全省"一盘棋"——"多规合一"引领海南深化改革》，《经济参考报》，2018年2月9日第5版。

② 熊健、范宇、金岚：《从"两规合一"到"多规合一"——上海城乡空间治理方式改革与创新》，《城市规划》，2017年第8期，第29～37页。

③ 张佳佳、郭熙、赵小敏：《新常态下多规合一的探讨与展望》，《江西农业学报》，2015年第10期，第125～128页。

④ 朱春燕、丁琼：《"多规合一"中的治理转型思考》，《当代经济》，2016年第22期，第17～19页。

⑤ 黄征学、王继源：《统筹推进县市"多规合一"规划的建议》，《国土资源情报》，2017年第5期，第24～30页。

的有效衔接,逐步完善"多规合一"配套法律体系[①],不断强化规划的系统性、严肃性和权威性。

二、中期推动出台空间规划法

"多规合一"试点进程中国土空间矛盾问题突出,成为规划融合发展和规划体系变革亟待解决的关键环节。从短期看,结合国家机构改革和规划职能的调整,应当根据空间规划体系的架构设计,尽快制定出台《国土空间规划法》,确立空间规划的法定地位,授权自然资源部门国土空间规划编制主体资格,规定规划审批程序,明确空间管理职责和各级事权,将其作为控制性详细规划、乡镇土地利用规划、其他实施性方案或行动计划的编制依据,为国土空间合理开发和刚性约束提供相应的法律保障。[②] 统筹规定各专项规划空间编制与审批要求,适时修订《土地管理法》和《城乡规划法》,统一规划编制流程、期限、土地分类标准和部门协调机制等内容,逐步建构一个层次分明、功能清晰的空间规划法律体系。[③]

三、远期谋划出台国家规划法

从法制化建设进程及现代治理体系完善的角度看,各个部门多套法律规定或者部分规划法律依据缺失等问题已不适应现代规划立法的趋势需求、整体统筹和行为规范,亟待从更为长远的角度加强规划立法工作,科学谋划出台国家《规划法》。一是统一规划权责,明确界定规划法的颁布、实施和监督主体,避免部门之间"各自为政""政出多门"的规划乱象。二是清晰划定各类规划职责范围,统一规划编制标准,严格规划执行程序,强化规划评估修订等规划要件,有效规避规划冲突、随意更改、落地执行难等客观问题。三是科学设立规划体系,围绕经济、土地、环境、城建、应急等重点领域,理顺规划层级关系,逐步建构起以经济社会发展为核心、以国土空间为载体、以生态环境保护和耕地保护为底线、各专项规划为补充的规划框架,完善配套法规和技术规范,形成总分结合、纵向畅通、横向互联、开发与保护并重、管控有序的规划体系。

---

① 黄征学、王继源:《统筹推进县市"多规合一"规划的建议》,《国土资源情报》,2017年第5期,第24~30页。

② 谢英挺、王伟:《从"多规合一"到空间规划体系重构》,《城市规划学刊》,2015年第3期,第15~21页。

③ 张克:《"多规合一"背景下地方规划体制改革探析》,《行政管理改革》,2017年第5期,第30~34页。

第九章　研究结论与展望

"多规合一"规划体系不仅是一个涵盖基础研究、整合机制、实施机制及保障机制等有机融合的统一体，而且是推进我国规划学科与经济学科、环境学科等交叉融合的有效载体，也是国家转变经济发展方式、深化体制机制改革、提升政府治理能力的重要抓手，有其存在的历史必然性和现实意义。伴随自然资源部门的成立和部分规划职能的统一划转，空间规划权力的博弈和争论暂时落下帷幕，建构统一的空间规划体系成为目前各界的基本共识。同时，也表明"多规合一"试点改革在取得阶段性成果的基础上，即将进入一个新的探索时期。

第一节　主要的研究结论

本书在系统分析研究现状的基础上，针对我国现行规划体系，重点围绕"多规合一"试点进程中存在的主要问题，从基础要素对接、编制协调、实施衔接和保障融合等角度提出可具操作的相关举措建议，希望能为"多规融合"及规划体制改革提供些许借鉴和参考。主要结论如下：

第一，"多规合一"有其存在的时代性和必然性。在生存与发展并重、空间开发格局不断优化、空间治理能力日益强化、政府协同治理能力不断提升的时代需求下，"多规合一"试点改革的大力推进有利于破解现有规划体系的主要症结和桎梏，从而推动规划体例建设、规划体制改革和政府治理能力建设向纵深发展。

第二，"多规合一"的协调与融合成为阶段性需求。围绕规划理论创新和实践探索的不断推进，在规划体例和规划体制尚未完全成熟的前提下，"多规合一"试点改革更多地聚焦于现有规划体系下各类规划之间主要思路、基本原则、编制技术、规划组织、规划标准、平台建设、专规对接、空间管制、实施反馈、审批改革等重点环节的对接、协调与融合，是现阶段我国规划体制改革和现代规划体系建设的重要铺垫、必经选择，一定程度上也是国家治理体系现代化建设进程中的阶段性支撑成果和重要组成部分。同时，也为后期规划体制顶层设计和规划体系的重构积累了必备素材和重要参考。

第三，自然资源部门成立是规划体制改革的初步成果。在"多规合一"试点的基础上，针对当前试点最为迫切且亟待解决的空间瓶颈问题，国家从行政机构改革的角度整合空间规划职能，规避部门利益博弈，有利于加强空间规划、空间管理的统筹，解决目前空间规划主体缺位、空间管控职能分散的问题。同时，各个层级的空间规划呼之欲出，空间规划法规体系将逐步完善，从而探索出一条以空间规划为突破口推动整个规划体系变革的发展模式，正式拉开我国规划体系的现代化演变历程。

第二节　存在的研究不足

基于不同阶段的认知差异、知识结构缺陷和调研收集材料的非全面性及系统性等因素的制约，在相关领域乃至更深层次的内容研究上存在明显短板和不足，有待深化和挖掘。主要体现如下：

第一，"多规合一"内涵有待深化。从空间规划角度看，"一"与"多"的关系已较为清晰，尤其在自然资源部门的成立和空间规划职能划转的背景下，以自然资源部门为主导的空间规划体系呼之欲出，统一衔接、规范有序的空间格局有望逐步形成和完善。但是，规划体系所涉领域庞大而复杂，在"一"与"多"关系中，我国目前规划法律法规体系和相关行政体系尚未形成更具明晰、更有系统、更为科学的有效规定。课题研究主要从规划所涉空间理论、技术操作及相关编制环节的协调与融合角度进行了尝试性研究，对于空间管理部门、空间规划、空间管理体系等运行机制及与其他规划之间的联动关系仅停留在试点总结阶段，对自然资源管理部门成立后的一个部门、一本规划、一套体系而言，有待进一步观察和验证。同时，从整个规划体系的变革趋势看，究竟是"一"代替"多"还是"一"统筹"多"等结构关系均需进一步论证和系统研究，以推进规划体系改革更具前沿性、科学性和有效性，增强规划的指导性、约束性和统筹性。

第二，理论层面研究尚可深入挖掘。当前已有研究理论主要包括与空间规划相关联的空间结构理论、反规划理论和可持续发展理论等，大多成型且有其自身的时代性，有一定的指导意义。但从"多规合一"的角度看，在空间整合、规划协调、规划融合、规划法律体系和规划执行体系等方面，尚未形成较为成熟的、符合地方实际的规划关联理论，尤其在规划体制机制的对接和整合，乃至融合重塑等方面的系统研究更为稀缺，相关理论支撑明显不足，尤其是符合现阶段规划变革的综合性理论有待进一步挖掘、深化和提炼。

第三，多学科之间的联动研究不足。囿于学科专业背景的差异，现有规划融合和协调理论仅在相关基本要素的统筹上提出了较具可行的协调模式，大多从制度和机制建设的角度加以分析，在涉及土地利用规划、国土空间规划、城乡规划、环境生态规划、地理信息系统、公共管理、土地经济等专业学科的研究上不够深入、浅尝辄止。同时，围绕"多规合一"专业学科之间的关联性研究尚未形成有效的联动机制，成为本次课题研究中的一大憾事，有待在后续研究和"多规合一"的实践中加以系统分类，加强横向组合，推进规划体系建设的综合化发展。

第四，多规融合应用研究尚可强化。从发展趋势看，多规对接与融合创新是规划体系逐步完善和变革突破的主要方向。应用研究部分，对如何应对我国现存规划体系面临的问题和解决路径等，尚可进一步挖掘并深化推进；仅就目前而言，研究主体内容更多集中在规划对接、规划协调和规划对标等方面，对规划主体整合、空间规划重组、规划体制融合、规划体系重塑等研究则更多地停留在理论层面，对于当前规划试点变革的指导意义不强，从制度变迁的角度看，均缺乏必要的可操作性基础，有待进一步从试点改革中、理论梳理中、演变趋势中加以强化和萃取，形成既可指导现阶段实际操作，也可把握未来发展方向，利于推动规划变革创新取得突破性的研究成果。

第三节　未来的研究思考

伴随规划地位的日益凸显，规划的引领性、规范性、科学性和可落地性特征将逐步显化和强化，对国民经济社会发展和现代治理能力体系建设作用巨大。相较于现阶段实践中存在的固有顽疾和未来空间发展的变化，可在现有研究的基础上，围绕以下两个应用领域做进一步的深化分析。

第一，从空间治理的角度看，需进一步细化并落实乡镇国土空间规划的编制。乡镇是我国国土空间治理的最低环节和基础保障，是确保国土空间开发利用和红线空间保护的操作载体，也是空间规划理念、国土空间格局、土地用途管制、控制线划定、基础设施建设、生态环境保护、城镇体系发展、重点项目建设等诸多方面的具体体现，系空间规划部门整合、空间规划职能划转、空间规划内容融合是否成功的试金石和试验田。在乡村振兴战略的深入实施中，宜进一步细化、分解和执行"多规合一"试点进程中探索出的对接、协调和融合理论，以推进国土空间规划在乡镇领域的充分实现，切实提升国土空间综合管控能力，确保乡村振兴战略落实落地，实现产业兴旺、生态宜居、乡风文明、治理有效、生活富裕的发展愿景。

第二，从区域整合的角度看，宜加强并夯实跨区域综合性规划的编制。在现存行政管理体制下，以行政区域为边界的规划管理模式已难以跟上经济融合和区域整体性保护工作的推进趋势。伴随行政区与经济区适度分离趋势，依托于原有行政区域性的属地管辖规划格局，已不利于如京津冀、长三角、粤港澳大湾区、成渝双城经济圈等片区经济乃至长江流域经济圈及国家公园、秦巴保护区等具有共同开发属性和空间地理保护等区域的整体推进和综合实施。国家不仅要在固有宏观顶层规划的基础上，加强城市之间、地域之间、保护领地等各类规划纵向及横向的系统对接、整体协调和充分融合，而且要在立足区域性城市群、典型经济区、重点保护区等发展基础、比较优势和实际控制需求等大背景下，找准各方协调和融合的最大利益公约数，强化综合性规划的系统编制和整体实施，打造跨区域的大数据信息集成系统，共同推进重大项目建设，推动区域城镇建设、运营管理和生态环境保护的一体化，实现跨区域抱团发展、联动发展、融合发展，提升生态保护区、流域保护区等特殊区域的全域保护能力。

参考文献

一、图书

[1]《城市规划》杂志社. 三规合一转型期规划编制与管理改革[M]. 北京：中国建筑工业出版社，2014.

[2] 顾朝林. 多规融合的空间规划[M]. 北京：清华大学出版社，2015.

[3] 刘易斯·芒福德. 城市发展史：起源、演变和前景[M]. 倪文彦，宋峻岭，译. 北京：中国建筑工业出版社，1989.

[4] 潘安，吴超，朱江. 规模、边界与秩序——"三规合一"的探索与实践[M]. 北京：中国建筑工业出版社，2014.

[5] 全国人大常委会法制工作委员会. 《中华人民共和国城乡规划法》解说[M]. 北京：知识产权出版社，2008.

二、期刊、报纸、论文

[1] 安济文，宋真真. "多规合一"相关问题探析[J]. 国土资源，2017（5）：52—53.

[2] 蔡穗虹. 从空间管制角度谈对"多规合一"工作的思考[J]. 南方建筑，2015（4）：15—19.

[3] 蔡玉梅. 不一样的底色不一样的美——部分国家国土空间规划体系特征[J]. 资源导刊，2014（4）：48—49.

[4] 蔡玉梅，高延利，张丽佳. 荷兰空间规划体系的演变及启示[J]. 资源导刊，2017（9）：33—35.

[5] 蔡玉梅，高延利，张建平，等. 美国空间规划体系的构建及启示[J]. 规划师，2017（2）：28—34.

[6] 陈常优，张本昀. 试论土地利用总体规划与城市总体规划的协调[J]. 地域研究与开发，2006（4）：112—116.

[7] 陈惠陆. "多规合一"广东破局 "五位一体"规划先行[J]. 环境, 2015 (6): 28—30.

[8] 陈建先. 统筹城乡的大部门体制创新——从重庆"四规叠合"探索谈起 [J]. 探索, 2009 (3): 64—67.

[9] 陈善华, 何华. 多规合一数据管理与应用平台建设研究[J]. 地理空间信息, 2017 (12): 35—38.

[10] 陈升. 推动"多规合一"改革落地的思考[J]. 中国行政管理, 2019 (8): 17—19.

[11] 陈伟光, 丁汀, 黄晓慧. 海南深化省域多规合一改革: 一张蓝图干到底 [N]. 人民日报, 2018-01-11 (03).

[12] 陈雯, 闫东升, 孙伟. 市县"多规合一"与改革创新: 问题、挑战与路径关键[J]. 规划师, 2015 (2): 17—21.

[13] 程永辉, 刘科伟, 赵丹, 程德强. "多规合一"下城市开发边界划定的若干问题探讨[J]. 城市规划, 2015 (7): 52—57.

[14] 丁镇琴. 我省"三规合一"工作情况及广州市经验介绍[J]. 广东规划简讯, 2014 (1): 6—7.

[15] 董祚继. 中国现代土地利用规划研究 [D]. 南京: 南京农业大学, 2007.

[16] 董祚继. 推动"多规合一", 责任重于泰山 [N]. 中国国土资源报, 2018-03-20 (003).

[17] "多规合一"的厦门新标准[J]. 领导决策信息, 2015 (4): 22—23.

[18] 方创琳. 城市多规合一的科学认知与技术路径探析[J]. 中国土地科学, 2017 (1): 28—36.

[19] 樊杰. 加快建立国土空间开发保护制度 [N]. 人民日报, 2018-05-23 (20).

[20] 樊森. 空间规划改革与"多规合一"[J]. 西部大开发, 2015 (4): 61—67.

[21] 樊森. 推进"多规合一"的几个重要问题[J]. 北方经济, 2016 (12): 19—22.

[22] 冯健, 李烨. 我国规划协调理论研究进展与展望[J]. 地域研究与开发, 2016 (6): 128—133, 168.

[23] 付霏. 我国多规合一的经验借鉴与现实困境[J]. 产业与科技论坛, 2018 (4): 119—120.

[24] 顾朝林. 论中国"多规"分立及其演化与融合问题[J]. 地理研究, 2015 (4): 601—613.

[25] 韩涛. "多规合一"导向下城市增长边界划定与协调政策探讨[J]. 江苏城市规划, 2014 (12): 14-17.

[26] 何金宏. 人本主义思想对城市规划的影响[J]. 四川建材, 2019 (5): 64-68.

[27] 何克东, 林雅楠. 规划体制改革背景下的各规划关系刍议[J]. 理论界, 2006 (8): 49-50.

[28] 胡鞍钢. 遵循规划原则　探索发展路径[J]. 城乡建设, 2018 (1): 26-27.

[29] 黄宏源, 袁涛, 周伟. 日本空间规划法的变化与借鉴[J]. 资源导刊, 2018 (1): 30-32.

[30] 黄焕, 付雄武. "规土融合"在武汉市重点功能区实施性规划中的实践[J]. 规划师, 2015 (1): 15-19.

[31] 黄勇, 周世锋, 王琳, 等. "多规合一"的基本理念与技术方法探索[J]. 规划师, 2016 (3): 82-88.

[32] 黄勇, 周世锋, 王琳, 等. 用主体功能区规划统领各类空间性规划——推进"多规合一"可供选择的解决方案[J]. 全球化, 2018 (4): 75-88.

[33] 黄峥, 徐逸伦. 区域经济空间分异及其演变分析研究——以浙江省为例[J]. 长江流域资源与环境, 2011 (Z1): 1-8.

[34] 黄征学, 滕飞. 优化国土空间开发新格局谋划区域发展新棋局[J]. 中国经贸导刊, 2016 (3): 53-54.

[35] 黄征学, 王继源. 统筹推进县市"多规合一"规划的建议[J]. 国土资源情报, 2017 (5): 24-30.

[36] 黄叶君. 体制改革与规划整合: 对国内"三规合一"的观察与思考[J]. 现代城市研究, 2012 (2): 10-14.

[37] 胡俊. 规划的变革与变革的规划——上海城市规划与土地利用规划"两规合一"的实践与思考[J]. 城市规划, 2010 (6): 20-25.

[38] 胡宇杰. 进一步推进规划体制改革的建议[J]. 宏观经济管理, 2006 (7): 38-40.

[39] 胡志强. "多规合一"并非只搞一个规划[J]. 中国党政干部论坛, 2016 (5): 89.

[40] 纪小乐. "多规合一"目前进展存在问题及机制探讨[J]. 泰山学院学报, 2018 (2): 96-101.

[41] 蒋跃进. 我国"多规合一"的探索与实践[J]. 浙江经济, 2014 (21): 44-47.

[42] 赖权有, 钱竞. 关于机构改革后建立空间规划体系的思考[J]. 特区经

济，2018（8）：31—34.

[43] 蓝枫. 推进"多规合一"深化规划体制改革[J]. 城乡建设，2015（5）：20—23.

[44] 李梅. 中国城市开发，何以让生活更美好——城市边界、多规合一与可持续发展[J]. 探索与争鸣，2015（6）：18.

[45] 李亮，薛鹏，梁涛. 多规合———规划改革的引领者[J]. 中国测绘，2016（4）：60—61.

[46] 李强. 把省域国土空间作为"一盘棋"谋划[J]. 浙江经济，2014（16）：6—8.

[47] 李琼，赖雪梅. 反规划理论在"多规合一"中的应用[J]. 当代经济，2015（15）：92—93.

[48] 李荣. 从"多规合一"到"空间规划体系"构建[J]. 城市规划，2018（4）：15—16.

[49] 李晓灿. 可持续发展理论概述与其主要流派[J]. 环境与发展，2018（6）：221—222.

[50] 李志启. 总书记点赞开化"多规合一"试点经验——浙江省发展规划研究院为开化县"多规合一"试点匠心绘蓝图[J]. 中国工程咨询，2016（7）：10—14.

[51] 林坚，陈诗弘，许超诣，等. 空间规划的博弈分析[J]. 城市规划学刊，2015（1）：10—14.

[52] 林明华. 以"多规合一"推进行政审批制度改革——厦门的实践与思考[J]. 厦门特区党校学报，2017（1）：68—73.

[53] 柳昌林，周慧敏. 全省"一盘棋"——"多规合一"引领海南深化改革[N]. 经济参考报，2018-02-09（005）.

[54] 刘敏，王磊. "多规合一"背景下坐标系统的一体化方案研究[J]. 工程勘察，2017（4）：44—48.

[55] 刘琪，罗会逸，王蓓. 国外成功经验对我国空间治理体系构建的启示[J]. 中国国土资源经济，2018（4）：16—19，24.

[56] 刘奇志，商渝，白栋. 武汉"多规合一"20年的探索与实践[J]. 城市规划学刊，2016（5）：103—111.

[57] 刘亭. "多规合一"的顶层设计[J]. 浙江经济，2014（16）：12.

[58] 刘亭. "三个一"的可贵探索[J]. 浙江经济，2015（11）：14.

[59] 刘燕，郑财贵，杨丽娜. "多规合一"推进中的部门协同机制[J]. 中国

土地，2017（4）：35－37.

[60] 刘彦随，王介勇. 转型发展期"多规合一"理论认知与技术方法[J]. 地理科学进展，2016（5）：529－536.

[61] 刘阳，王湃，黄朝明. 海南省"多规融合"技术方法的实践探索[J]. 中国国土资源经济，2018（5）：30－34，58.

[62] 罗以灿. 基于"三层四线"的"多规合一"管理平台建设[J]. 西部大开发，2015（4）：84－89.

[63] 马念，罗海平. 协调发展理论：城市规划管理新视点[J]. 中国水运（学术版），2006（8）：158－159.

[64] 麦茂生."多规合一"模式下建筑规划设计人才建设路径——以广西贺州市为例[J]. 贺州学院学报，2016（4）：125－128.

[65] 孟凡利. 建立健全考核、奖惩制度　用制度保障科学发展 [N]. 人民日报，2015－10－19（07）.

[66] 孟鹏，冯广京，吴大放，等."多规冲突"根源与"多规融合"原则——基于"土地利用冲突与'多规融合'研讨会"的思考[J]. 中国土地科学，2015（8）：3－9，72.

[67] 牛慧恩，陈宏军. 现实约束之下的"三规"协调发展——深圳的探索与实践[J]. 现代城市研究，2012（2）：20－23.

[68] 祁帆，邓红蒂，贾克敬，等. 我国空间规划体系建设思考与展望[J]. 国土资源情报，2017（7）：10－16.

[69] 钱伟. 区位理论三大学派的分析与评价[J]. 科技创业月刊，2006（2）：179－180.

[70] 秦诗立. 协力共推"多规合一"[J]. 浙江经济，2016（7）：47.

[71] 曲卫东，黄卓. 运用系统论思想指导中国空间规划体系的构建[J]. 中国土地科学，2009（12）：22－27，68.

[72] 任保平. 基于工业区位理论的西部新型工业化及其路径转型[J]. 西北大学学报（哲学社会科学版），2004（4）：35－40.

[73] 申贵仓，王晓，胡秋红. 承载力先导的"多规合一"指标体系思路探索[J]. 环境保护，2016（15）：59－64.

[74] 史家明，范宇，胡国俊，等. 基于"两规融合"的上海市国土空间"四线"管控体系研究[J]. 城市规划学刊，2017（7）：31－41.

[75] 石坚，车冠琼."多规合一"背景下城市增长边界划定与管理实施探讨[J]. 广西社会科学，2017（11）：147－150.

[76] 时荣, 朱怀汝, 王玲. Microstation、MapGIS 和 AutoCAD 三种地图编辑软件的优缺点及数据的互通使用[J]. 产业与科技论坛, 2013 (4): 105−106.

[77] 四大理念引领 "多规合一" 实践[J]. 中国环境管理, 2016 (3): 18−20.

[78] 孙炳彦. "多规" 关系的分析及其 "合一" 的几点建议[J]. 环境与可持续发展, 2016 (5): 7−10.

[79] 孙莹炜. 德国首都区域协同治理及对京津冀的启示[J]. 经济研究参考, 2015 (31): 62−70.

[80] 沈迟, 许景权. "多规合一" 的目标体系与接口设计研究——从 "三标脱节" 到 "三标衔接" 的创新探索[J]. 规划师, 2015 (2): 12−16, 26.

[81] 苏涵, 陈皓. "多规合一" 的本质及其编制要点探析[J]. 规划师, 2015 (2): 57−62.

[82] 苏文松, 徐振强, 谢伊羚. 我国 "三规合一" 的理论实践与推进 "多规融合" 的政策建议[J]. 城市规划学刊, 2014 (6): 85−89.

[83] 滕诚悦, 施华勇. 基于可持续发展理念指导下的城市更新规划探究[J]. 智能建筑与智慧城市, 2020 (1): 25−27.

[84] 童政, 周骁骏. 广西推进 "多规合一" 试点 [N]. 经济日报, 2017−01−18 (11).

[85] 万旭东. 市 (县) "多规合一" 信息平台建设方法与实践——以淮安市多规合一空间信息平台为例[J]. 江苏城市规划, 2018 (3): 17−22.

[86] 王辰昊. 关于滨海新区实施 "多规合一" 的探讨[J]. 港口经济, 2009 (8): 8−12.

[87] 王光伟, 贾刘强, 高黄根. "多规合一" 规划中的城乡用地分类及其应用[J]. 规划师, 2017 (4): 41−45.

[88] 王吉勇. 分权下的多规合一——深圳新区发展历程与规划思考[J]. 城市发展研究, 2013 (1): 23−29, 48.

[89] 王蒙徽. 推动政府职能转变, 实现城乡区域资源环境统筹发展——厦门市开展 "多规合一" 改革的思考与实践[J]. 城市规划, 2015 (6): 9−13, 42.

[90] 王蒙徽. 转变发展方式: 建设美丽中国的厦门样板[J]. 行政管理改革, 2016 (8): 16−23.

[91] 王唯山, 魏立军. 厦门市 "多规合一" 实践的探索与思考[J]. 规划师, 2015 (2): 46−51.

[92] 王旭阳，肖金成. 市县"多规合一"存在的问题与解决路径[J]. 经济研究参考，2017（71）：5-9.

[93] 王旭阳，黄征学. 他山之石：浙江开化空间规划的实践[J]. 城市发展研究，2018（3）：26-31.

[94] 王晓，张璇，胡秋红，申贵仓. "多规合一"的空间管治分区体系构建[J]. 中国环境管理，2016（3）：21-24，64.

[95] 威廉·洛尔. 从地方到全球：美国社区规划100年[J]. 张纯，译. 国际城市规划，2011（2）：85-98，115.

[96] 吴晓琳. 重庆江津"多规合一"实践与思考[J]. 城乡规划，2017（20）：27-29.

[97] 锡林花. 德国空间规划的借鉴意义[J]. 北方经济，2008（2）：56-57.

[98] 萧昌东. "两规"关系探讨[J]. 城市规划汇刊，1998（1）：29-33，65.

[99] 肖昌东，方勇，喻建华. 武汉市乡镇总体规划"两规合一"的核心问题研究及实践[J]. 规划师，2012（11）：85-90.

[100] 邢文秀，刘大海，刘伟峰，等. 重构空间规划体系：基本理念、总体构想与保障措施[J]. 海洋开发与管理，2018（11）：3-9.

[101] 熊健，范宇，金岚. 从"两规合一"到"多规合一"——上海城乡空间治理方式改革与创新[J]. 城市规划，2017（8）：29-37.

[102] 熊健，范宇，宋煜. 关于上海构建"两规融合、多规合一"空间规划体系的思考[J]. 城市规划学刊，2017（3）：28-37.

[103] 许景权，沈迟，胡天新，等. 构建我国空间规划体系的总体思路和主要任务[J]. 规划师，2017（2）：5-11.

[104] 许景权，沈迟. 欠发达地区"多规合一"实践的探索与反思——以贺州市为例[J]. 环境保护，2016（17）：63-67.

[105] 徐青，钟玲，朱钰岱旭. 整体性治理视角下"多规合一"实现路径的构建[J]. 贵州社会科学，2017（7）：134-139.

[106] 徐旭，张海龙，周樟垠，等. "一张蓝图"统筹项目生成机制探究——以重庆市南岸区为例[J]. 规划师，2019（24）：29-35.

[107] 徐万刚，杨健. 四川"多规合一"试点的探索与思考[J]. 决策咨询，2016（6）：70-73.

[108] 谢剑锋，罗良干，胡志国. 我国市县推进"多规合一"的探索及反思[J]. 环境保护，2015（Z1）：31-36.

[109] 谢敏，张丽君. 德国空间规划理念解析[J]. 国土资源情报，2011（7）：

9—12，36.

[110] 谢英挺，王伟. 从"多规合一"到空间规划体系重构[J]. 城市规划学刊，2015（3）：15—21.

[111] 谢英挺. 厦门、蚌埠、常熟的空间治理实践与思考[J]. 城市研究，2017（1）：115—119.

[112] 燕三义. 城市空间规划的"多规合一"与协调机制[J]. 建筑知识，2017（12）：1—2.

[113] 姚凯. "资源紧约束"条件下两规的有序衔接——基于上海"两规合一"工作的探索和实践[J]. 城市规划学刊，2010（3）：26—31.

[114] 杨伟民. 规划体制改革的主要任务及方向[J]. 中国经贸导刊，2004（20）：8—12.

[115] 应丽斋，余延青. 嘉兴探索"多规合一"机制统筹全域发展[J]. 今日浙江，2015（5）：32—35.

[116] 袁磊，汤怡. "多规合一"技术整合模式探讨[J]. 中国国土资源经济，2015（8）：47—51.

[117] 詹国彬. "多规合一"改革的成效、挑战与路径选择——以嘉兴市为例[J]. 中国行政管理，2017（11）：33—38.

[118] 赵珂. 空间规划体系建设重构：国际经验及启示[J]. 改革，2008（1）：126—130.

[119] 浙江省咨询委战略发展部. 围绕"三个一"推进"多规合一"[J]. 决策咨询，2015（6）：13—15，20.

[120] 张丽君. 典型国家国土规划基本经验[J]. 国土资源情报，2011（8）：2—10.

[121] 张佳佳，郭熙，赵小敏. 新常态下多规合一的探讨与展望[J]. 江西农业学报，2015（10）：125—128.

[122] 张克. "多规合一"背景下地方规划体制改革探析[J]. 行政管理改革，2017（5）：30—34.

[123] 张少康，温春阳，房庆方，等. 三规合一——理论探讨与实践创新[J]. 城市规划，2014（12）：78—81.

[124] 张书海，冯长春，刘长青. 荷兰空间规划体系及其新动向[J]. 国际城市规划，2014（5）：89—94.

[125] 张坦，胥辉. "多规合一"绘就美丽蓝图——厦门市空间规划的借鉴与启示[J]. 资源导刊，2018（7）：52—53.

[126] 张晓玲. 可持续发展理论：概念演变、维度与展望[J]. 中国科学院院刊，2018（1）：10—19.

[127] 张伟，刘毅，刘洋. 国外空间规划研究与实践的新动向及对我国的启示[J]. 地理科学进展，2005（3）：79-90.

[128] 张燕生. 现代工业区位理论初探[J]. 世界经济，1986（4）：21-27.

[129] 张叶笑，冯广京. 基于时空锥理论的"多规冲突"和"多规合一"机理研究[J]. 中国土地科学，2017（5）：3-11.

[130] 张永波. 空间规划体系建设背景下的规划设计机构发展策略[J]. 规划师，2015（S1）：9-12.

[131] 曾有文，孙增峰. "多规合一"试点中生态空间划定工作回顾与思考——以海口"多规合一"总体规划为例[J]. 建设科技，2018（8）：52-53.

[132] 郑玉梁，李竹颖. 国内"多规合一"实践研究与启示[J]. 四川建筑，2015（8）：4-6.

[133] 周楚军，段金平. 北京："三规合一"治"大城市病"[J]. 国土经纬，2014（2）：16-17.

[134] 周静，胡天新，顾永涛. 荷兰国家空间规划体系的构建及横纵协调机制[J]. 规划师，2017（2）：35-41

[135] 周静，沈迟. 荷兰空间规划体系的改革及启示[J]. 国际城市规划，2017（3）：113-121.

[136] 周世锋. 围绕六个统一　推进"多规合一"[J]. 浙江经济，2015（10）：39-41.

[137] 周世锋，秦诗立，王琳，等. 开化"多规合一"试点经验总结与深化建议[J]. 浙江经济，2016（8）：50-51.

[138] 朱春燕，丁琼. "多规合一"中的治理转型思考[J]. 当代经济，2016（22）：17—19.

[139] 朱江，邓木林，潘安. "三规合一"：探索空间规划的秩序和调控合力[J]. 城市规划，2015（1）：41-47.

[140] 朱江，尹向东. 城市空间规划的"多规合一"与协调机制[J]. 时空探微，2016（4）：58-61.

[141] Jones M T, Gallent N, Morphet J. An anatomy of spatial planning: coming to terms with the spatial element in UK planning [J]. European planning studies, 2010, 18 (2)：239-257.

[142] Wheeler S M. The new regionalism: key characteristics of an emerging

movement[J]. Journal of the American planning association，2002，68
（3）：267—278.

三、电子文献

［1］习近平. 建设宏大高素质干部队伍　确保党始终成为坚强领导核心［EB/
OL］.（2013—06—30）［2019—05—02］. http://cpc. people. com. cn/n/
2013/0630/c64094—22020855. html.

［2］习近平在中央城镇化工作会议上发表重要讲话［EB/OL］.（2013—12—
14）［2019—07—13］. http://www. xinhuanet. com//photo/2013—12/
14/c＿125859827. htm.

［3］习近平主持召开中央财经领导小组第十一次会议［EB/OL］.（2015—11—
10）［2016—06—15］. http://www. xinhuanet. com//politics/2015—11/
10/c＿1117099915. htm.

［4］生态文明体制改革总体方案［EB/OL］.（2015—09—21）［2019—03—17］.
http://www. gov. cn/guowuyuan/2015—09/21/content＿2936327. htm.

［5］中国共产党第十九届中央委员会第三次全体会议公报［EB/OL］.（2018—
02—28）［2019—05—21］. http://cpc. people. com. cn/n1/2018/0228/
c64094—29840241. html.

［6］国务院关于加强国民经济和社会发展规划编制工作的若干意见（国发
〔2005〕33 号）［EB/OL］.（2005—12—22）［2019—11—07］. http://
www. gov. cn/gongbao/content/2005/content＿121467. htm.

［7］全国国土规划纲要（2016—2030 年）［EB/OL］.（2017—02—04）［2019—
02—22］. http://www. gov. cn/zhengce/content/2017—02/04/content＿
5165309. htm.

［8］李克强. 协调推进城镇化是实现现代化的重大战略选择［EB/OL］.
（2012—10—26）［2019—11—08］. http://theory. people. com. cn/n/2012/
1026/c40531—19403044—3. html.

［9］李克强. 在全国深化简政放权放管结合优化服务改革电视电话会议上的讲
话［EB/OL］.（2017—06—29）［2019—11—09］. http://www. gov. cn/
guowuyuan/2017—06/29/content＿5206812. htm.

［10］中央城市工作会议在北京举行［EB/OL］.（2015—12—22）［2019—06—20］.
http://www. xinhuanet. com//politics/2015—12/22/c＿1117545528. htm.

［11］关于开展市县"多规合一"试点工作的通知［EB/OL］.（2014—12—05）

[2019-06-10]. http://www.ndrc.gov.cn/zcfb/zcfbtz/201412/t20141205_651312.html.

[12] 国家发展和改革委员会有关负责人就《省级空间规划试点方案》答记者问 [EB/OL]. (2017-01-10) [2019-03-26]. https://www.ndrc.gov.cn/xwdt/xwfb/201701/t20170110_955305.html.

[13] 住房城乡建设部关于开展县（市）城乡总体规划暨"三规合一"试点工作的通知 [EB/OL]. (2014-02-14) [2019-10-06]. http://finance.china.com.cn/roll/20140214/2185475.shtml.

[14] 如何加快转变政府职能？[EB/OL]. (2008-03-19) [2016-06-11]. http://www.gov.cn/2008gzbg/content_924084.htm.

[15] 重庆市沙坪坝区"五规叠合"实施方案（正本）[EB/OL]. (2011-12-02) [2019-11-10]. https://www.docin.com/p-299288643.html.

[16] 云南省人民政府关于科学开展"四规合一"试点工作的指导意见 [EB/OL]. (2015-04-24) [2019-02-23]. http://www.yn.gov.cn/zwgk/zcwj/zxwj/201507/t20150728_142958.html.

[17] 国土空间规划差异图斑处理方法探析——以广东省廉江市为例 [EB/OL]. (2019-05-05) [2019-05-05]. https://www.sohu.com/a/311968035_275005.

[18] 国土空间规划中的三区三线划定方法、流程及案例 [EB/OL]. (2019-09-06) [2019-10-03]. http://www.doc88.com/p-6458786489103.html.

[19] 党双忍. 生态空间理论与陕西实践 [EB/OL]. (2019-10-09) [2019-10-12]. http://www.sx-dj.gov.cn/a/tjzx/20191009/9933.shtml.

[20] 连玉明. 北京"十二五"规划强化"五规合一"[EB/OL]. (2010-09-27) [2019-08-09]. http://finance.sina.com.cn/roll/20100927/00023465028.shtml.

[21] 柳昌林，涂超华. 海南"多规合一"吹响全面深化改革号角 [EB/OL]. (2018-04-29) [2019-05-05]. http://www.xinhuanet.com/2018-04/29/c_1122763833.htm.

[22] 王玉虎，王颖，叶嵩. 总体规划改革中的全域空间管控研究和思考 [EB/OL]. (2018-09-17) [2019-09-26]. http://www.360doc.com/content/18/0917/18/32425336_787450721.shtml.

[23] 张冬. "三区三线"的划定方法及技术路径——市县国土空间规划 [EB/

OL]. （2019－07—20）［2019－08－09］. https：//max. book118. com/html/2019/0720/6204130012002050. shtm.

［24］朱江. "多规合一"：新常态下规划体制创新的突破口 ［EB/OL］. （2017－06－05）［2019－02－23］. https：//xueshu. baidu. com/usercenter/paper/show?paperid＝1u7h0050th2v0270xc4w0at0n4274846&site＝xueshu＿se.

［25］朱启贵. 全面深化改革视野下的评价机制设计 ［EB/OL］. （2014－12－02）［2019－07－23］. http：//theory. people. com. cn/n/2014/1202/c388580－26131158. html.

附录　《"多规合一"机制协调与融合研究》"十问"调查分析

　　为切实掌握"多规合一"试点进程中各项规划机制协调与融合发展的实际情况，以及课题研究的需要，课题组围绕研究的关键内容，设置了与之相关的十个主要问题，并开展问卷调查和情况分析，为相关课题研究和决策咨询提供较具针对性的可靠素材。

一、"十问"调查问卷

受访者职业（　　　）

A. 公务员　　　　　　　　　　　B. 技术人员

C. 企业员工　　　　　　　　　　D. 在校学生

E. 农业从业人员　　　　　　　　F. 其他

1. 您认为"多规合一"的"一"主要指什么？（　　　）

A. 编制一个综合性的规划　　　　B. 编制一本统领性的空间规划

C. 对现有各类规划的融合协调　　D. 不清楚

2. 您认为"多规合一"可能带来哪些变革？（　　　）

A. 减少资源浪费降低开发成本　　B. 加快政府职能转变

C. 完善空间规划体系　　　　　　D. 促进审批流程再造

3. 您认为"多规合一"改革应该取得哪些实质性成果？（　　　）

A. 一本规划　　　　　　　　　　B. 一张蓝图

C. 一套体系　　　　　　　　　　D. 一个平台

E. 一个部门

4. 您认为"多规合一"改革面临的主要难点有哪些？（　　　）

A. 编制依据不充分　　　　　　　B. 技术标准不一致

C. 基础数据不统一　　　　　　　D. 职责划分不清楚

E. 实施举措难兼容

5. 您认为我国规划冲突的主要根源在哪些方面?（　　）

A. 部门之间利益的博弈　　　　　B. 规划编制权力的争夺

C. 规划价值取向的差异　　　　　D. 规划体系滞后的结果

6. 您认为自然资源部门的成立对"多规合一"有哪些影响?（　　）

A. 是对"多规合一"改革结果的认可

B. 意味着"多规合一"改革使命结束

C. 是对"多规合一"改革的及时纠偏

D. "多规合一"改革仍有探索的必要

E. 仅仅是部门权责的调整，跟"多规合一"改革试点无关

7. 您认为"多规合一"试点改革的重点领域在哪些方面?（　　）

A. 建立统一的规划编制部门　　　B. 构建统一的用地分类体系

C. 设立统一的规划编制规程　　　D. 采用统一的规划坐标体系

E. 编制统一的土地空间规划

8. 您认为"多规合一"试点在操作层面应集中于哪些方面?（　　）

A. "城镇空间""农业空间""生态空间"三大空间的划定

B. "生态保护红线""永久基本农田红线""城镇开发边界"三条红线的划定

C. "开发强度控制""建设用地总量""基本农田保护规模"土地利用三大指标的设定

D. "图斑对接""信息整合""软件统一"编制实施三大要素的统筹

9. 您认为"多规合一"试点改革机制协调应集中包括哪些内容?（　　）

A. 规划编制基础要素的对接与协调

B. 多规试点编制环节的协调与整合

C. 规划实施阶段的机制衔接与协调

D. 多规试点改革保障机制的有机融合

10. 您认为"多规合一"试点改革的最终影响会体现在哪些方面?（　　）

A. 现代规划体系将更趋完善

B. "开门办规划"机制将更趋成熟

C. 规划执行力和约束力将显著增强

D. 利于加快推进《规划法》的出台

二、调查问卷的情况分析

（一）问卷对象概况

本次调查问卷总计发出问卷 241 份，共收回 241 份，其中有效问卷 240 份。调查访问对象涵盖与规划相关领域的公务员、专业技术人员、企业员工、城市规划设计类在校大学生、农业从业人员和其他人员，其中技术人员和公务员所占比重较高，对"多规合一"的了解和认知较其他人员更为深入，分别达到 35.83% 和 30.42%，有较强的针对性和代表性。

附表 1　调查问卷访问对象人员构成情况表

类别	技术人员	公务员	企业员工	在校学生	农业从业人员	其他
人数（人）	86	73	7	18	5	51
占比（%）	35.83	30.42	2.92	7.50	2.08	21.25

（二）问卷内容分析

对于所设计的"十个"问题，尽管不同的访问对象从自身的知识结构做出了不同的回答，但对"多规合一"机制协调和融合发展的总体认知较为集中，大致反映了对规划试点和机制变迁的基本诉求，具体情况如下：

（1）"多规合一"中"一"的认知。选择该项设计中"不清楚"选项的仅有 16 票，占整个频次的 4.5%；认为编制一个综合性规划的呼声最高，占该问题整个频次的 36.03%；认为现阶段对各类规划的进行综合协调的次之，占整个频次的 31.01%；同时，认为编制一本统领性空间规划的选择占整个频次的 28.49%。从长远发展和短期现实需要看，都得到了很好的回应。

（2）"多规合一"试点引起的变革。本问题中共有 71 人全选，占总人数的 29.58%，反映了较高的集中度和综合认知。从各项选择看，"完善空间规划体系"选项达 140 次，占整个人数频次的 32.26%，焦点诉求明显；"减少资源浪费降低开发成本"选项中，总计达 125 人次，占该问人数频次的 28.80%；"加快政府职能转变"选项中，所占频次达 21.66%，表明其仍是未来一段时间的关注重点。

（3）"多规合一"变革的成果形式。本问题中"一套体系""一本规划""一张蓝图"三项选项得票占投票人数总频次分别为 28.95%、25.14%、

25.14%，较为集中地反映了对宏观顶层的期望。对于"一个部门"的设想方面，赞成度较低，仅占整个频次的 5.33%，一定程度上对不太符合当前实际的改革设想提出了质疑。

（4）"多规合一"改革的主要难点。该问卷答题中，主要难点集中体现在"技术标准不一致""职责划分不清楚""基础数据不统一"等三个方面，投票人数频次分别为 24.39%、23.33%、20.35%，为"多规合一"试点改革及规划协调和融合提出了较为明确的改进方向。

（5）引起我国规划冲突的主要根源。对该题的回答较为集中，得票频次基本表现在 21.10%～29.67% 之间，无较大差异；全选人数 50 人，占总问卷人数的 20.83%。从得票的顺序看，"规划体系滞后""规划价值取向差异""规划编制权力争夺""部门利益的博弈"所占频次分别为 29.67%、25.93%、23.30%、21.10%，为体制机制的根本性变革提供了可供参考的改革时序。

（6）对自然资源部门成立的基本认识。整体评价较为客观，集中认为自然资源部门的成立表明既是对"多规合一"改革成果的认可，也是对"多规合一"改革的及时纠偏，也进一步表明该部门的成立是改革的阶段性成果，"多规合一"改革仍有深入探索的必要；上诉三类观点投票人次的占比分别为28.49%、23.90%、29.88%，其中认为"仍有探索必要"的占比最高，对未来改革发展给予了期望。

（7）"多规合一"改革重点领域的认知。该选项中全选人数达 69 人，占总人数的 28.75%，认识的集中度较高。在细化的重点领域中，"建立统一的规划编制部门""设立统一的规划编制规程""构建统一的用地分类体系"等三项均获得不少的关注，分别获得 25.46%、25.46% 和 19.89% 的人次占比。同时，"采用统一的规划坐标体系"和"编制统一的土地空间规划"也得到不少的认可，均在投票人数频次的 14% 以上。

（8）"多规合一"试点操作的主要层面。在该项操作层面的选项中，获得较高的认可，全选人数 95 人，接近问卷总人数的 40%。该选择中"三大空间""三条红线""三大指标""三大要素"的赞成人数频次占比分别为27.82%、26.90%、23.68% 和 21.62%，均在 20% 以上，一定程度上表明基层对"多规合一"改革的聚焦点和实施重点。

（9）"多规合一"协调机制的关注重点。在该选项中，综合认可度高，全选人数达到 108 人，占总人数的 45%。从选项细分类别看，"基础要素对接"占赞成人数频次的 28.63%，"编制环节的协调与整合"占比为 24.07%，"实施阶段的衔接和协调"占比为 24.27%，"改革保障机制的融合"占比为

23.03%，基本反映了目前阶段"多规合一"协调机制的选择方向和实施路径。

（10）"多规合一"试点改革的最终影响。在该选项中，整体综合认可度较高，全选人数91人，占总问卷人数的37.92%。从问卷分项看，"现代规划体系将更趋完善""规划执行力和约束力将显著增强""利于加快推进《规划法》的出台"等得到明显赞同，人数频次占比分别为31.10%、25.61%、22.97%；对于"开门办规划"机制的认可人数频次也在20%以上，从而为规划体制改革提供了可供参考的努力方向。

附表2 "十问"调查问卷统计表

题号	选项人数（频次）						人数（频次）合计
	A	B	C	D	E	F	
受访者职业	73	86	7	18	5	51	240
1	129	102	111	16	**0**	—	358
2	125	94	140	75	**71**	—	434
3	132	132	152	81	28	**52**	525
4	89	139	116	133	93	**66**	570
5	106	96	118	135	**50**	—	455
6	143	64	120	150	25	**10**	502
7	137	107	137	82	75	**69**	538
8	121	117	103	94	**95**	—	435
9	138	116	117	111	**108**	—	482
10	153	100	126	113	**91**	—	492

注：选项人数部分中黑体加粗数字为全选人数。

三、问卷调查的基本结论

上述十个问题的分析结果为"多规合一"试点改革研究和未来发展重点提供了较具参考的基本结论，一方面有利于推进规划发展体制的系统完善，另一方面也利于印证本课题研究的重要性和辅助功能。

一是从操作层面看，应当加快对具体问题的协调和统筹。重点推进技术标准、基础数据、编制规程、用地分类、坐标体系、空间划定、职责划分和编制部门等关键领域的对接、协调和整合，切实保障"一本规划""一张蓝图""一套体系""一个平台"的试点改革要求。

二是从体制创新看,应当加快对相关机制的协调和整合。以自然资源部门改革为契机,确认"多规合一"试点改革成果,加快推进要素编制机制、编制程序、实施机制和保障机制等重点环节的有机衔接与融合,规避不必要的利益博弈和制度羁绊。

三是从未来趋势看,应当加快对规划体系的统筹思考。在着力构建空间规划体系的基础上,不断完善现代规划体系,建立完整的规划法律体系,强化规划的执行力和约束力,促进审批流程再造,加快政府职能转变,提升政府现代治理能力。